彩图 1　玉米　　　　　　　　　彩图 2　高粱

彩图 3　大麦　　　　　　　　　彩图 4　燕麦

彩图 5　黑麦　　　　　　　　　彩图 6　稻谷

甘薯
木薯
马铃薯

彩图 7　米糠　　　　　　　　　　彩图 8　薯类饲料

彩图 9　饲用甜菜　　　　　　　　彩图 10　尿素

彩图 11　青贮饲料　　　　　　　　彩图 12　石粉

彩图 13　贝壳粉

彩图 14　蛋壳粉

彩图 15　膨润土

彩图 16　沸石

彩图 17　麦饭石

彩图 18　饲料保鲜防霉剂

彩图 19　牧草的田间刈割

彩图 20　青贮场大型切碎机切碎原料

彩图 21　玉米的田间刈割

彩图 22　玉米的田间刈割并切碎

彩图 23　青贮饲料的装填和压实

彩图 24　裹膜机薄膜包裹青草青贮

饲料科学配制与应用丛书

羊实用饲料
配方手册

主　编　夏小静　袁丽君　李　文
副主编　韩俊伟　朱洪强　张志梅
编　者　李　文（新疆维吾尔自治区哈密市畜牧工作站）
　　　　朱洪强（河南省濮阳市华龙区农业农村局）
　　　　刘志高（河南省濮阳市南乐县农业农村局）
　　　　张志梅（河南省濮阳市南乐县农业农村局）
　　　　夏小静（河南科技学院）
　　　　袁丽君（河南省濮阳市濮阳县职业技术学校）
　　　　韩俊伟（河南省新乡市农业综合行政执法支队）
　　　　韩　普（河南省新乡市农业综合行政执法支队）
　　　　董　斌（新乡学院生命科学与基础医学学院）
　　　　魏刚才（河南科技学院）

机 械 工 业 出 版 社

本书共分为 4 章，分别从羊的营养需要及常用饲料原料、羊饲料的加工调制、羊的饲养标准及饲料配方设计方法等方面进行了系统的介绍，最后一章列举了大量的羊饲料配方实例供大家参考。本书紧扣生产实际，注重系统性、科学性、实用性和先进性，内容全面新颖，通俗易懂，重点突出，并在书中加入"提示""注意"等小栏目，以使广大养羊专业户少走弯路。

本书适合羊场饲养管理人员和广大养羊专业户阅读，也可以供农林院校相关专业师生参考。

图书在版编目（CIP）数据

羊实用饲料配方手册/夏小静，袁丽君，李文主编. —北京：机械工业出版社，2022.10

（饲料科学配制与应用丛书）

ISBN 978-7-111-71444-6

Ⅰ. ①羊⋯　Ⅱ. ①夏⋯②袁⋯③李⋯　Ⅲ. ①羊 – 饲料 – 配方 – 手册　Ⅳ. ①S826. 5-62

中国版本图书馆 CIP 数据核字（2022）第 150689 号

机械工业出版社（北京市百万庄大街 22 号　邮政编码 100037）
策划编辑：周晓伟　高　伟　责任编辑：周晓伟　高　伟　刘　源
责任校对：张亚楠　王　延　责任印制：张　博
中教科（保定）印刷股份有限公司印刷
2022 年 10 月第 1 版第 1 次印刷
145mm×210mm·5 印张·2 插页·141 千字
标准书号：ISBN 978-7-111-71444-6
定价：29. 80 元

电话服务	网络服务
客服电话：010-88361066	机 工 官 网：www. cmpbook. com
010-88379833	机 工 官 博：weibo. com/cmp1952
010-68326294	金 书 网：www. golden-book. com
封底无防伪标均为盗版	机工教育服务网：www. cmpedu. com

前 言 / PREFACE

随着养羊业的规模化、集约化发展，环境、饲料营养等对羊的生产性能和健康影响显得愈加重要，其中饲料营养成为最为关键的因素。只有提供充足平衡的日粮，使羊获得全面均衡的营养，才能使其高产潜力得以发挥。饲料配方是保证动物获得充足、全面、均衡营养的关键技术，是提高动物生产性能和维护动物健康的基本保证。饲料配方的设计不是一个简单的计算过程，实际上是设计者所具备的动物生理、动物营养、饲料、养殖技术、动物环境卫生等方面科学知识的集中体现。运用丰富的饲料学和营养学知识，结合不同动物的种类和阶段，才能设计出可应用于实践的既能保证生产性能，又能最大限度降低饲养成本的好配方。为了使广大养殖场（户）技术人员熟悉有关的饲料学和营养学知识，了解饲料原料选择及有关饲料、添加剂及药物使用规定等信息，掌握饲料配方设计技术，使好的配方尽快应用于生产实践，特组织有关人员编写了本书。

本书分别从羊的营养需要及常用饲料原料、羊饲料的加工调制、羊的饲养标准及饲料配方设计方法等方面进行了系统的介绍，最后还列举了大量的羊饲料配方实例供大家参考。本书在编写过程中，力求理论联系实际，体现系统性、实用性、科学性和先进性，图文并茂，强化可操作性，不仅适合羊场饲养管理人员和广大养羊专业户阅读，也可供农林院校相关专业师生参考。

需要特别说明的是，本书提供的饲料配方、饲料添加剂和药物及

其使用剂量仅供参考。因配方效果会受到诸多因素影响，如参考的饲养标准，饲料原料的产地、种类、营养成分、等级，羊的品种，季节因素，地域分布，生产加工工艺，饲养管理水平，饲养方式，疾病等，具体应在饲料配方师的指导下因地制宜、结合本场实际情况而定。

由于编者水平有限，书中难免会有错误和不当之处，敬请广大读者批评指正。

编　者

目　录 / CONTENTS

第一章
羊的营养需要及常用饲料原料

第一节　羊的营养需要

羊的生存、生长和繁衍后代等生命活动，离不开营养物质。营养物质必须通过从外界摄取饲料才能获得。饲料中凡能被羊用来维持生命、生产产品、繁衍后代的物质，均称为营养物质（营养素）。饲料中含有各种各样的营养物质，不同的营养物质具有不同的营养作用。不同类型、不同生长阶段、不同生产水平的羊对营养物质的需求也是不同的。

一、羊对蛋白质的需要

【提示】

　　蛋白质主要是由碳、氢、氧、氮4种元素组成，有的蛋白质还含有硫、磷、铁、铜和碘等。动物体内所含的氮元素，绝大部分存在于蛋白质中，不同蛋白质的含氮量虽有所差异，但皆接近16%。

1. 蛋白质的营养作用

蛋白质的营养作用见图1-1。

2. 非蛋白氮的营养作用

除蛋白质外，动植物中还存在许多其他的含氮化合物，这类化合物不是蛋白质，但它们都含有氮元素，它们结构不同、功能各异，统称为非蛋白氮（非蛋白质含氮物）。非蛋白氮对羊有很重要的营养作用，饲料中的非蛋白氮除嘌呤、嘧啶外，起主要营养作用的是酰胺和

氨基酸。饲料中的非蛋白氮可充分被瘤胃机能发育完善的羊利用，合成微生物蛋白质，满足羊对蛋白质的部分需要，降低饲养成本。

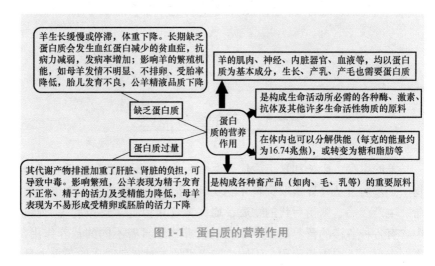

图1-1　蛋白质的营养作用

3. 蛋白质、氨基酸的营养问题

蛋白质营养问题实质上是氨基酸的营养问题，蛋白质品质的好坏取决于其中各种氨基酸的含量和比例。构成动物体的蛋白质由20多种氨基酸构成，羊需要9种必需氨基酸，这些氨基酸能由瘤胃微生物合成。羔羊由于瘤胃内没有微生物或微生物合成功能不完善，需给它提供必需氨基酸。羊由小肠吸收的氨基酸来源于4个方面——瘤胃微生物蛋白质、过瘤胃蛋白质、过瘤胃氨基酸和内源氮。

【注意】

在必需氨基酸中，与需要量相比，含量低且因其含量限制了其他氨基酸的利用者称为限制性氨基酸。在羊日粮中，蛋氨酸为第一限制性氨基酸，其次为赖氨酸和苯丙氨酸。

二、羊对能量的需要

能量对羊具有重要的营养作用，羊的生存、生长和生产等一切生命活动都离不开能量。能量不足或过多，都会影响羊的生产性能和健康状况。饲料中的有机物——碳水化合物、脂类和蛋白质都含有能量，但能量主要来源于饲料中的碳水化合物和脂类。饲料中各种营养物质的热能总值称为饲料总能。饲料总能减去粪能为消化能，消化能减去尿能和产生气体的能量后便是代谢能。能量在羊体内的转化过程见图1-2。

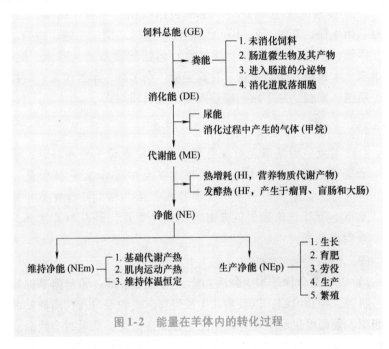

图1-2　能量在羊体内的转化过程

1. 碳水化合物

碳水化合物是一类有机化合物的总称，由碳、氢、氧3种元素组成，还含有少量其他元素，如氮、硫等，分为单糖、寡糖和多糖。碳水化合物是植物性饲料最主要的组成部分，约占其干物质重量的3/4。饲料中的碳水化合物可分为粗纤维和无氮浸出物两大类。粗纤维由纤维素、半纤维素、多缩戊糖及镶嵌物质所组成，是植物细胞壁的主要成分。无氮浸出物是指从饲料干物质中除去粗蛋白质、粗脂肪、粗纤维、粗灰分后的剩余部分，包括单糖、双糖、淀粉和糖原。在动物体

内碳水化合物含量极少，主要是葡萄糖和糖原。

（1）**碳水化合物的性质**　碳水化合物易溶于水，有利于动物消化吸收，具有改善消化生理功能的重要作用。其异构变化特性是动物消化吸收不同种类碳水化合物后能经共同代谢途径利用的基础，也是动物利用多种碳水化合物作为营养的理论根据。

（2）**碳水化合物的分类**　单糖包括丙糖、丁糖、戊糖、己糖、庚糖、衍生糖；寡糖（2～10个糖单位）包括二糖、三糖、四糖、五糖、六糖；多糖（10个以上糖单位）包括同质多糖、糖原、淀粉、纤维素、木聚糖、半乳聚糖、甘露聚糖、杂多糖、半纤维素、阿拉伯胶、菊糖、果胶、几丁质、糖胺聚糖、透明质酸。

【提示】

> 甘蔗、甜菜等蔗糖含量特别高，豆类种子中棉籽糖、水苏糖含量较高。某些块根块茎和禾谷类中营养性多糖含量可达80%以上；羊体内均不同程度存在三至九糖，寡糖种类和数量有限。肝脏、肾脏是体内葡萄糖的贮存库，肌肉和其他组织则是利用器官。

（3）**碳水化合物的营养生理作用**

1）**碳水化合物是羊生命活动能量的主要来源。**葡萄糖是神经系统、肌肉、脂肪组织，以及胎儿生长发育、乳腺等进行代谢活动的唯一能源。葡萄糖供给不足会使羊发生妊娠毒血症，严重时会致命。体内代谢活动需要的葡萄糖来源有两个，一是从胃肠道吸收，二是来自体内生糖物质的转化。羊体内的葡萄糖来源主要是后者，其中肝脏是主要生糖器官，生糖量约占总生糖量的85%，其次是肾脏，生糖量约占总生糖量的15%。

2）**碳水化合物是形成体组织的成分之一。**五糖是细胞中核酸的组成成分，半乳糖神经组织的必需物质，许多糖类可与蛋白质化合而成糖蛋白，糖代谢的中间产物可与氨基化合形成氨基酸。糖胺聚糖是保证多种生理功能实现的重要物质。其中，透明质酸具有高度黏性，对润滑关节、保护机体在受到强烈震动时不至于影响正常功能方面起重要作用；硫酸软骨素在软骨中起结构支撑作用；肝素的抗凝血作用对保证正常的血液循环、营养物质转运起重要作用。

3）碳水化合物在动物产品形成中的作用。葡萄糖参与羊乳蛋白非必需氨基酸的形成。在肉羊育肥中，碳水化合物转变为体内脂肪，可以提高增重，并能改善肉的品质。

4）碳水化合物可作为能量来源利用。碳水化合物可转变成肝糖原和肌糖原储备起来，以备不时之需。胎儿在妊娠后期能贮积大量糖原和脂肪供出生后作为能量来源利用。

（4）对粗纤维的利用　粗纤维是羊必需的营养物质，它除为羊提供能量及作为合成葡萄糖和乳脂的原料外，也是维持羊消化机能正常所必需的营养物质。粗纤维性质稳定，不易消化，容积大，吸水性强，能充填消化道，给动物以饱感。它还能刺激消化道黏膜，促进消化道蠕动，促进未消化物质的排出，保证消化道的正常机能。羊对粗纤维的利用主要是通过微生物酶的分解产物或微生物的代谢产物。

【提示】

　　植物细胞壁越成熟，角质成分含量越高，越不易被微生物消化。高质量的牧草或未成熟的粗饲料中，纤维素的消化率可达90%，粗饲料经化学或物理方法处理，可使对粗纤维的消化率大幅度提高；饲喂粗饲料型日粮时，瘤胃处于中性环境，分解粗纤维的微生物最活跃，对粗纤维的消化率最高。饲喂精饲料型日粮时，瘤胃 pH 下降，分解粗纤维的微生物活动受抑制，对粗纤维的消化率降低；日粮纤维水平低于或高于适宜范围，都不利于能量利用，甚至可能对羊产生不良影响。

2. 脂类

羊体内和各种饲料都含有脂类。脂类一般由碳、氢、氧 3 种元素组成，包括脂肪中性脂肪和类脂两大类。脂肪是由 1 分子甘油和 3 分子脂肪酸构成的甘油三酯，其中的脂肪酸按含氢原子数分为饱和脂肪酸和不饱和脂肪酸，是动物机体储存能量的主要形式。类脂包括磷脂

（脑磷脂、卵磷脂、鞘磷脂）、糖脂（如青草中的半乳糖脂等）和固醇（如动物的胆固醇、植物的麦角固醇）等。脂类的主要性质及营养作用见图1-3。

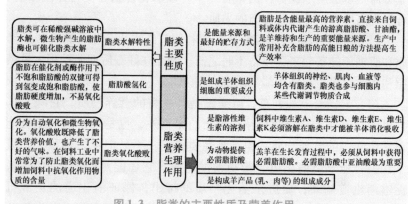

图 1-3　脂类的主要性质及营养作用

【小知识】

　　凡是体内不能合成，必须由饲料供给，或通过体内特定的先体物形成，对机体正常机能和健康具有重要保护作用的脂肪酸都叫必需脂肪酸，亚油酸、亚麻油酸、花生油酸都属必需脂肪酸。羊缺乏必需脂肪酸时，出现皮肤损害，角质鳞片化；体内水分经皮肤损失增加，毛细管变得脆弱；免疫力下降，生长受阻，繁殖力下降，甚至死亡。在正常饲养条件下，成年羊瘤胃微生物可以合成必需脂肪酸，能满足需要而不会产生必需脂肪酸缺乏，但羔羊必须从饲料中获得所需要的必需脂肪酸。

3. 蛋白质

　　当体内碳水化合物和脂类不足时，多余的蛋白质可在体内分解、氧化供能，以补充能量的不足。过度饥饿时体蛋白也可以供能。羊体内多余的蛋白质可经脱氨基作用，将不含氮部分转化为脂肪或糖原，以备营养不足时供能。

【注意】

　　蛋白质供能不仅不经济，而且容易加重机体的代谢负担。

【提示】

　　羊对能量的需要包括本身的代谢维持需要和生产需要。影响能量需要的因素很多，如环境温度、羊的类型和品种、不同生长阶段，以及生理状况和生产水平等。饲料的能量值在一定范围，羊的采食量多少可由饲料的能量值而定，所以饲料中不仅要有适宜的能量值，而且与其他营养物质的比例要合理，使羊摄入的能量与各营养物质之间保持平衡，提高饲料的利用率和饲养效果。

三、羊对维生素的需要

　　维生素是维持生命的要素，属于低分子有机化合物，其功能在于启动和调节有机体的物质代谢。维生素种类很多，目前已知有 20 多种，分为脂溶性维生素（维生素 A、维生素 D、维生素 E、维生素 K）和水溶性维生素（B 族维生素和维生素 C）两大类。

【提示】

　　羊对维生素的需要量虽然极少，但缺乏就会引起许多疾病。维生素不足会引起机体代谢紊乱。羔羊表现生长停滞，抗病力弱。成年羊则出现生产性能下降和繁殖机能紊乱。羊体所需的维生素，除由饲料中获取外，还可由消化道微生物合成。养羊业中一般对维生素 A、维生素 D、维生素 E、B 族维生素和维生素 K 比较重视。

1. 脂溶性维生素

　　（1）维生素 A　维生素 A 是一种环状不饱和一元醇，具有多种生理作用，不足时会出现多种症状。缺乏维生素 A 时，会出现食欲下降、消瘦、被毛粗乱、生长停滞、夜盲、流眼泪、咳嗽、流鼻液、肺炎、步伐不协调、上皮细胞角质化、骨骼畸形、繁殖器官退化、流

产或死胎等；长期过量摄入维生素 A 则会引起动物中毒，特异性症状为骨折、胚胎畸形、痉挛、麻痹甚至死亡等。青草、胡萝卜、黄玉米、鲜树叶、青干草内含有丰富的胡萝卜素，羊的小肠能把胡萝卜素转化为维生素 A。

（2）维生素 D　维生素 D 为类固醇的衍生物，功能为促进钙和磷吸收、代谢及成骨作用。缺乏维生素 D 会影响对钙、磷的吸收和代谢障碍，羔羊出现佝偻病，成年羊出现骨质疏松。羊可以借助太阳光的照射作用，把皮肤中含有的 7-脱氢胆固醇转化为维生素 D_3。长时间的过量摄入还会干扰软骨的生长，产生厌食、失重、血钙升高和血磷酸盐降低等症状。

（3）维生素 E　维生素 E（生育酚）的化学结构类似酚类化合物，极易被氧化，具有生物学活性。其主要功能是作为机体的生物催化剂。缺乏维生素 E 会发生肌肉营养不良的退化性疾病，如白肌病和公羊睾丸萎缩症，这些疾病均影响生育。青草中维生素 E 的含量足够羊的需要，所以只要注意优质青干草的供给就不会导致羊缺乏维生素 E。羊能耐受 100 倍维生素 E 需要量的维生素 E 剂量。

（4）维生素 K　维生素 K 分为维生素 K_1、维生素 K_2 和维生素 K_3 3 种，维生素 K_1 又称叶绿醌，在植物中形成。维生素 K_2 又称甲基萘醌，由胃肠道微生物合成。维生素 K_3 又称甲萘醌，为人工合成。维生素 K 的主要作用是催化肝脏中对凝血酶原和凝血因子的合成。经凝血因子的作用使凝血酶原被激活为凝血酶。凝血酶能使可溶性的血纤维蛋白原变为不溶性的血纤维蛋白而使血液凝固。当维生素 K 缺乏时，血液凝固的正常速度将显著降低，从而引起出血。羊的瘤胃能合成维生素 K，一般很少缺乏。生产中，由于饲料间的拮抗作用，如草木樨和一些杂类草中含有与维生素 K 化学结构相似的双香豆素，能妨碍对维生素 K 的利用；霉变饲料中的真菌霉素有制约维生素 K 的作用，需要适当增加维生素 K 的喂量。天然的维生素 K_1 和维生素 K_3 是无毒的。大剂量的维生素 K 会使红细胞不稳定而溶血，出现正铁血红蛋白尿和卟啉尿。

2. 水溶性维生素

（1）**B 族维生素**　B 族维生素包括维生素 B_1（硫胺素）、维生素 B_2（核黄素）、泛酸、维生素 B_6（吡哆醇）、烟酸、叶酸、生物素、胆碱和维生素 B_{12}。维生素 B_1 是构成许多细胞酶的辅酶成分，作为神经介质和细胞膜的组成成分，参与脂肪酸、胆固醇和神经介质乙酰胆碱的合成。维生素 B_2 是构成生物氧化过程中所必需的两个辅酶（黄素腺嘌呤二核苷酸和黄素单核苷酸）的成分，参与碳水化合物、脂类及蛋白质的氧化与代谢，在氧化过程中起着传递氢的作用，同时与视觉有关，为生长和组织修复所必需。维生素 B_6 是氨基酸脱羧酶、转氨酶等的辅酶成分，参与动物体内的许多代谢反应；维生素 B_6 的拮抗物有羟基嘧啶、脱氧吡哆醇和异烟肼。维生素 B_{12} 是数种辅酶的组成成分，参与多种代谢活动，同时可使机体的造血机能处于正常状态，促进红细胞的发育和成熟。泛酸为辅酶 A（CoA）和酰基载体蛋白质（ACP）的组成成分，辅酶 A 是碳水化合物、脂类和蛋白质代谢中许多乙酰化反应的重要辅酶，在细胞内的许多反应中起重要作用；其中，酰基载体蛋白质在脂肪酸碳链的合成中能代替辅酶 A 起作用。叶酸主要以四氢叶酸的形式作为辅酶参与一碳基团的转移，在嘌呤、嘧啶、胆碱及蛋白质合成中发挥作用，叶酸的缺乏会导致神经缺陷，也会影响动物的免疫功能。生物素的主要功能是在脱羧反应、羧化反应和脱氨反应中充当辅酶，参与碳水化合物、脂类和蛋白质的代谢；生物素还与溶菌酶的活性及皮脂腺的功能有关。烟酸是辅酶 I 和辅酶 II 的组成成分，是促进机体碳水化合物、脂类和蛋白质代谢所必需的物质，还参与蛋白质、DNA 的合成及修补等生物反应。胆碱作为结构物质发挥作用，形成卵磷脂和鞘磷脂，在肝脏脂类的代谢中起重要作用，能防止脂肪肝的形成，还是乙酰胆碱的重要组成部分，也是一个不固定的甲基来源；缺乏胆碱时，羊表现为精神不振，食欲丧失，生长发育缓慢，贫血，衰竭无力，关节肿胀，运动失调，消化不良等。

（2）**维生素 C**　维生素 C 是己糖衍生物，以能防治坏血病而得名抗坏血酸。它是一种白色或略带黄色的结晶粉末，在干燥的食物中

含量很少，且加热很容易被破坏。结晶的维生素 C 在干燥的空气中比较稳定，但少量的金属离子可加速它的破坏。

维生素 C 广泛参与机体多种生化反应，具有可逆的氧化还原特性。其抗氧化作用和间接的抗应激特性，会增强动物的免疫功能和抗病力；参与胶原蛋白和糖胺聚糖等物质的合成，促进结缔组织、骨骼、牙齿和血管细胞间质的形成，维持它们的正常机能；维持体内许多羟化酶的活性，参与脯氨酸、苯丙氨酸和赖氨酸等的羟基化反应；在动物消化道中还原三价铁离子为二价铁离子，维持其还原状态，并促进肠道对铁的吸收及铁在体内的转运和利用；促进肉碱的合成，减少甘油三酯在血浆中的积累，防止坏血病和各种生理病变；在叶酸还原成四氢叶酸过程中起作用，影响叶酸在体内的贮存，防止贫血。

 【注意】

> 羊一般都能合成维生素 C，在妊娠、泌乳和甲状腺功能亢进情况下，对维生素 C 的吸收减少和排泄增加，在高温、寒冷、运输等逆境和应激状态下，以及日粮中的能量、蛋白质、维生素 E、硒和铁等不足时，羊对维生素 C 的需要大大增加。

四、羊对矿物质的需要

饲料经过充分燃烧、剩余的部分就被称为矿物质或灰分。矿物质是羊体组织、细胞、骨骼和体液的重要成分。体内缺乏矿物质，会引起神经系统、肌肉运动、食物消化、营养输送、血液凝固和体内酸碱平衡等功能紊乱，影响羊的健康、生长发育、繁殖及畜产品产量，乃至造成羊死亡。矿物质的种类很多，一般根据其占畜体体重的比例大小可分为常量元素（含量为 0.01% 以上）和微量元素（含量为 0.01% 以下）。常量元素有钙、磷、钠、氯、硫、镁、钾等；微量元素有铁、铜、锰、锌、硅、硒、钴、碘、铬、氟、钼等。矿物质在羊体内含量虽少，但具有重要作用。主要矿物质元素的种类及作用见表 1-1。

表1-1　主要矿物质元素的种类及作用

种类	主 要 功 能	缺乏或过量的危害	备　注
钙和磷	钙和磷是骨骼的重要组成成分。钙参与机体的代谢活动，血液中的钙有抑制神经和肌肉兴奋、促进血凝和保持细胞膜完整性等作用；磷参与糖代谢和保持血液 pH 正常。幼龄羊的钙、磷比例为 2∶1	缺乏钙或磷，骨骼发育不正常。长期缺钙、磷或由于钙、磷的比例不当和维生素 D 供应不足，幼羊出现佝偻病，成年羊会发生骨软症和骨质疏松。若饲料中钙、磷不足，会影响羊的机体健康。日粮中钙过量，会加速其他元素，如磷、镁、铁、碘、锌和锰的缺乏	豆科牧草含钙较多，禾本科牧草含钙量低，饲喂禾本科牧草时应注意补充钙质。绵羊食用钙化物一般不会出现钙中毒
钠和氯	钠和氯主要分布在羊的体液及软组织中，在维持体液的酸碱平衡和渗透压方面起着重要的作用，并能调节体内水的平衡。钠是制造胆汁的重要原料；氯构成胃液中的盐酸，参与蛋白质消化。饲料中的食盐有调味作用，能刺激唾液分泌，增强淀粉酶的活性	缺乏时可导致消化不良、食欲减退、采食量减少、异嗜、利用饲料中营养物质的能力下降、发育障碍、生长迟缓、体重减轻、生殖机能减弱、生产力下降等现象；过多则引起食盐中毒	饲料中补充食盐，常以占饲料干物质 0.5% 的食盐配给为宜
钾	钾主要存在于细胞内液中，影响机体的渗透压和酸碱平衡，对一些酶的活性有促进作用	缺乏钾会导致采食量下降、精神不振和痉挛。绵羊对钾的最大耐受量为日粮的 3%	钾在普通日粮中不必另行补充
镁	镁作为骨骼和牙齿的成分，为骨骼正常发育所必需；作为磷酸酶、氧化酶、激酶、肽酶、精氨酸酶等多种酶的活化因子，在碳水化合物、蛋白质和脂类代谢中起重要作用；参与遗传物质 DNA、RNA 和蛋白质合成，或直接参与酶组成；调节神经、肌肉的兴奋性，保证神经、肌肉的正常功能	羊对镁的需要量是非反刍动物的 4 倍左右，饲料中镁含量变化大、吸收率低会使羊出现镁缺乏症，又称"草痉挛"，表现为神经过敏、肌肉发抖、呼吸弱、心跳过速、抽搐、死亡；镁过量可使羊中毒，主要表现为昏睡、运动失调、腹泻、采食量下降、生产力降低，甚至死亡。生产中使用含镁添加剂混合不均匀时易导致中毒	羊体含镁约占体重的 0.05%，其中 60%～70% 存在于骨骼中，其余的存在于软组织中

（续）

种类	主要功能	缺乏或过量的危害	备注
硫	硫是保证瘤胃微生物维持最佳生长的重要养分。在瘤胃微生物消化过程中，硫对含硫氨基酸（蛋氨酸和胱氨酸）、维生素 B_{12} 的合成有作用；是构成蛋白质、某些维生素、酶、激素、谷胱甘肽和辅酶 A 的必需成分，也是机体中间代谢和去毒过程中不可缺少的物质；硫作为糖胺聚糖的成分参与胶原和结缔组织的代谢等；羊还能利用无机硫合成糖胺聚糖	缺硫时，发生流涎过多、虚弱、食欲不振、异食癖、消瘦等现象；与蛋白质缺乏症状相似，表现为食欲减退、增重减少、毛的生长速度降低；唾液分泌过多、流泪和脱毛。硫过量时，表现为厌食、失重、便秘、腹泻、抑郁等毒性反应，甚至死亡；严重中毒的症状是呼出气体有硫化氢的气味	用硫酸钠补充硫，最大耐受量为日粮的 0.4%。产毛绵羊的饲料中需添加较多的硫
碘	碘是形成甲状腺素不可缺少的元素，参与物质的代谢过程。碘化钾容易氧化、蒸发或滤过，所以日粮中建议用碘化钙	缺碘时，新生的羔羊甲状腺肿大，无毛、死亡，或身体也很衰弱，发育缓慢；母羊缺碘受胎率低。碘中毒的症状是发育缓慢、厌食和体温下降	母羊需碘量为 0.5 毫克/天左右。在食盐中加入 0.01% 碘化钾时，可满足羊对碘的需要
铁	铁参与形成血红素和肌红蛋白，保证机体组织氧的运输；铁还是细胞色素酶类和多种氧化酶的成分，与细胞内生物氧化过程密切相关	缺乏铁的症状是生长缓慢、嗜睡、贫血、呼吸频率增加。铁过量时，其慢性中毒症状是采食量下降、生长速度慢、饲料转化率低；其急性中毒表现为厌食、尿少、腹泻、体温低、代谢性酸中毒、休克，甚至死亡	将羔羊舍饲在木条或木板地上易因缺铁而引起贫血。植物性饲料含有足够的铁，可以满足羊对铁的需要

（续）

种类	主 要 功 能	缺乏或过量的危害	备　　注
钴	钴是羊瘤胃微生物合成维生素 B_{12} 的原料；血液和肝脏中钴的含量可作为钴在羊体内含量充足与否的标志	缺钴时影响血红素和红细胞的形成。绵羊缺钴时表现为食欲减退、流泪、被毛粗硬、精神不振、逐渐消瘦、贫血、发情次数减少、受胎率显著下降、易流产、泌乳量和产毛量降低；严重缺钴会使泌乳量和剪毛量降低，对幼龄羊危害比成年羊大。饲料中钴含量过多对羊也有害	正常情况下每天可供钴0.1～1毫克/只。在日粮中补充钴，则母羊中发情羊数量增加，公羊精子数增加
硒	硒是谷胱苷肽过氧化物酶的主要成分，具有抗氧化作用；硒也是日粮中必需的元素，每千克饲料中必须含有0.1毫克硒才能满足羊的需要	缺硒时，严重影响羔羊的发育，羔羊生长慢，发生白肌病（此病多发生在羔羊2～8周龄，死亡率很高）；母羊繁殖机能紊乱，空怀和死胎。硒过量时会发生慢性积累性中毒，表现为脱毛、蹄发炎或溃烂、繁殖力下降	对缺乏硒的绵羊可补饲亚硒酸钠
铜	铜有催化红细胞和血红素形成的作用；铜与羊毛生长关系密切；在酶的作用下，铜参与有色毛纤维色素的形成	羊可单独缺乏铜，也可与钴、铁同时缺乏。铜缺乏，会影响铁的正常吸收，使血红蛋白的合成受阻。羔羊缺铜表现为消瘦、被毛凌乱、肌肉不协调、后肢瘫痪；神经细胞不同程度变性、坏死、溶解，神经纤维出现断裂及髓鞘脱落。铜中毒症状为溶血、黄疸、血红蛋白尿、肝脏和肾脏呈黑色	羊每天需铜约15毫克/只，在缺铜地区把硫酸铜按0.5%比例加到食盐中补铜

（续）

种类	主 要 功 能	缺乏或过量的危害	备　注
锰	锰是许多参与碳水化合物、脂类、蛋白质代谢酶的辅助因子，还参与骨骼的形成	缺锰时，母羊受胎率低、流产，羔羊的初生体重减轻，产的公羔比母羔多，而且母羔还比公羔死的多	
锌	锌是多种酶的成分，如是红细胞中的碳酸酐酶、胰液中的羧肽酶和胰岛素的成分。锌可维持公羊睾丸的正常发育和精子的正常生成，维持羊毛的正常生长，使羊不脱毛	缺乏锌时表现为角化不全症、掉毛、睾丸发育缓慢（或睾丸萎缩）、多畸形精子、母羊繁殖力下降；锌过量时出现中毒症状，如采食量下降、羔羊增重降低。妊娠母羊严重缺锌时，流产和死胎增多	公羔日粮中应含36～40毫克的锌，才能保持睾丸的正常发育。日粮含锌量达到0.75克/千克

五、羊对水的需要

羊体内的水来源于饮水、饲料水和代谢水。水是动物必需的养分，参与动物体内许多生物化学反应，具有运输其他养分的作用。体温调节、营养物质的消化代谢、有机物质的水解、废物的排泄、内环境的稳定、神经系统的缓冲、关节的润滑等都离不开水。羊体内水分含量最多，初生羔羊身体含水80%左右，成年羊含水50%左右。动物失去全部脂肪、半数蛋白质或失去40%的体重时仍能存活，但若脱水5%则食欲减退，脱水10%则生理失常、代谢紊乱，脱水20%就会死亡。

【提示】

生产实践中，最好方法是给羊提供充足的饮水。根据羊群的大小，设立足够的饮水槽或饮水器，使所有的羊都能够有机会自由饮水。尤其在炎热的夏天，饮水不足可导致羊不能及时散发体热、有效调节体温。因此，给羊提供充足的饮水是非常重要的。

第二节　羊的常用饲料原料

饲料原料又称单一饲料，是指以一种动物、植物、微生物或矿物质为来源的饲料。单一饲料原料所含养分的数量及比例都不符合羊的营养需要。生产中，需要根据各种饲料原料的营养特点，合理设计饲料配方，合理利用各种饲料原料。按饲料原料中营养物质的成分和含量可把饲料原料分为：能量饲料、蛋白质饲料、粗饲料、青绿饲料、青贮饲料、矿物质饲料、维生素饲料和饲料添加剂八大类。

一、能量饲料

能量饲料是指干物质中粗纤维含量在18%以下，粗蛋白质含量在20%以下的饲料。这类饲料主要包括禾本科的谷实类和它们加工后的副产品糠麸类、薯类和糖蜜等，是羊饲料的主要成分，占日粮的50%~80%，主要是供给羊所需要的能量。

1. 谷实类

谷实类指禾本科作物的籽实，如玉米、高粱、小麦、大麦等。各类籽实中含有丰富的无氮浸出物，约占干物质的70%~80%，其中主要为淀粉，所以消化率很高，是羊补充热量的主要来源。但谷实类的蛋白质含量一般较低，在干物质中占8%~13%；矿物质含量也较低，钙含量一般低于0.1%，磷的含量较高，可达0.3%~0.45%；B族维生素和维生素E含量较高，而维生素A和维生素D缺乏。对羔羊和快速育肥肉羊需要喂一部分谷实类饲料，并注意搭配蛋白质饲料，补充钙和维生素A。

(1) 玉米　玉米（彩图1）中所含的可利用能量大于任何一种谷实类饲料，被称为饲料大王，而且适口性好，易于消化。玉米的可溶性碳水化合物含量高达72%，其中主要是淀粉；粗纤维含量仅为2%，消化率达90%；脂肪含量高，为3.5%~4.5%；粗蛋白质含量偏低，为8.0%~9.0%，并且氨基酸组成欠佳，缺乏赖氨酸、蛋氨酸和色氨酸。近些年来，通过玉米育种工作，已培育出含有高赖氨酸的

玉米，并在生产中开始应用，但是由于高赖氨酸玉米产量较低，没能大量推广应用。

【提示】

　　如果生长季节和贮藏的条件不适当，可能出现霉菌和霉菌毒素的问题。经过运输的玉米，不论运输时间多长，霉菌生长都可能很严重。如果玉米运输中湿度大于或等于16%、温度大于或等于25℃，经常发生霉菌生长现象。一个解决办法是在装运时往玉米中加有机酸。但是必须记住的是，有机酸可以杀死霉菌并预防重新感染，但对已产生的霉菌毒素是没有作用的。

　　我国国家标准 GB/T 17890—2008《饲料用玉米》规定：水分含量小于或等于14%、粗蛋白质含量大于或等于8%、杂质含量小于或等于1%、生霉粒小于或等于2%，色泽、气味正常。

【说明】

　　玉米适口性好、能量含量高，而且在瘤胃中的降解率低，可以通过瘤胃达到小肠的营养物质比较多，因此可大量用于羊的日粮中，比如用于羔羊育肥及山羊、绵羊补饲等。绵羊羔羊新法育肥中，用整粒玉米加上大豆饼（粕），可取得很好的育肥效果，并且肉质细嫩、口味好。

　　（2）高粱　高粱（彩图2）为世界上主要粮食作物之一，其籽实的能量水平因品种不同而不同，除壳高粱籽实的能量水平并不比玉米低多少，也是较好的能量饲料；蛋白质含量略高于玉米，氨基酸组成的特点和玉米相似，缺乏赖氨酸、蛋氨酸、色氨酸和异亮氨酸；高粱的脂肪含量不高，一般为2.8%~3.3%，含亚油酸也少，约为1.1%。

【注意】

　　高粱含有单宁，单宁是影响高粱利用的主要因素之一，单宁含量高的高粱有涩味、适口性差。单宁可以在体内和体外与蛋白质结合，从而降低蛋白质及氨基酸的利用率。根据整粒高粱的颜色可以判断其单宁含量，褐色品种的高粱籽实单宁含量高，白色品种的高粱籽实单宁含量低，黄色品种的高粱籽实单宁含量居中。现已培育出高赖氨酸高粱，但在实际使用中，仍未得到广泛推广。

我国农业行业标准 NY/T 115—2021《饲料原料　高粱》规定：水分含量小于或等于 14%、粗蛋白质含量大于或等于 8%、质量含量小于或等于 1%、不完善粒含量小于或等于 3%，无霉变、无结块、无异味、无虫蛀。

【说明】

　　高粱与玉米配合使用可提高饲料效率与日增重，因为两者一起饲喂可使它们在瘤胃消化和过瘤胃到小肠的营养物质有一个较好的分配比例。高粱喂羊效率相当于玉米的 90% 左右，不宜用整粒高粱喂肉羊。高粱饲喂过多可以引起羔羊便秘，日粮中的高粱含量不宜超过 25%。

（3）小麦　小麦具有谷类饲料的通性，营养物质易于消化，适口性好。粗蛋白质含量在谷实类中也是比较高的，一般在 12% 左右，高者可达 16%。小麦是否用于饲料取决于玉米和小麦的价格变化。

我国农业行业标准 NY/T 117—2021《饲料原料　小麦》规定：水分含量小于或等于 13%、粗蛋白质含量大于或等于 11%、杂质含量小于或等于 2%，色泽、气味正常。

【说明】

　　用小麦喂羊时以粗粉碎或蒸气高压压片效果较好，整粒喂羊易引起消化不良；如果粉碎过细，会使麦粉在羊口腔中呈糊状而降低饲喂效果。小麦在羊瘤胃中的消化速度很快，它的营养成分很难直接到达小肠，所以不宜大量使用。细磨的小麦经炒熟后可作为羔羊代乳料的成分，因其适口性好，饲喂效果也很好。小麦在饲料中用量以不超过 40% 为宜。

（4）大麦　大麦（彩图 3）属禾本科一年生草本植物，按播种季节可分为冬大麦和春大麦。大麦籽实有两种，带壳者叫"皮大麦"，不带壳者叫"裸大麦"，带壳的大麦，即通常所说的大麦，它的能量含量较低。大麦所含的无氮浸出物与粗脂肪均少于玉米，因外面有一层种子外壳，粗纤维含量在谷实类饲料中是较高的，为5%左右；粗蛋白质含量为11%~14%，高于玉米且品质较好，赖氨酸含量比玉米、高粱约高1倍；粗脂肪中的亚油酸含量很少，仅为0.78%左右；脂溶性维生素含量偏低，不含胡萝卜素，而含有丰富的B族维生素；钙、磷含量也较高。

作为饲料原料的大麦水分含量应小于或等于12.5%、异物含量小于2%，比重为0.64~0.72千克/升，无霉变、无异味、无发芽、无虫蛀。

【说明】

　　羊因其瘤胃微生物的作用，可以很好地利用大麦。大麦是一种坚硬的谷粒，在饲喂给羊只前必须将其压碎或碾碎，否则它将不经消化就排出体外。细粉碎的大麦易引起羊发生瘤胃膨胀。宜先将大麦浸泡或压扁后饲喂，预防此症。大麦经过蒸气或高压压扁可提高羊的育肥效果。

（5）燕麦　燕麦（彩图4）为禾本科燕麦属一年生草本植物。按栽培季节分冬燕麦和春燕麦。燕麦壳比重较大，一般占整个籽实的28%，整粒燕麦籽实的粗纤维含量达10%以上。燕麦籽实的主要成分为淀粉，含量为33%~43%，较其他谷实类少；含油脂较其他谷类高（约为5.2%）；脂肪主要分布于胚部，其中40%~47%为亚麻油酸；蛋白质含量高达11.5%以上，与大麦的蛋白质含量相似，但赖氨酸含量低；富含B族维生素，但烟酸含量较低，脂溶性维生素及矿物质含量均低。因其麸皮（壳）多，粗纤维含量高，适当粉碎后是羊的好饲料。

【注意】

　　燕麦有很好的适口性，但必须粉碎后饲喂，饲喂肉羊后有良好的生长性能。

（6）**黑麦** 黑麦（彩图 5）是一种耐寒性很强的作物，外观类似小麦，但适口性与饲养价值比不上小麦，依据栽培季节可分为春性黑麦与冬性黑麦，常见的均为冬性黑麦。黑麦成分与小麦相似，粗蛋白质含量约为 11.6%、粗脂肪含量为 1.7%、粗纤维含量为 1.9%、粗灰分含量为 1.8% 左右、钙含量为 0.08%、磷含量为 0.33%。

【注意】

羊对黑麦的适应能力较强。整粒或粉碎饲喂都可以。黑麦是最易感染麦角菌的作物，感染该菌后不仅产量减少、适口性下降，严重时还会引起羊中毒。

（7）**稻谷与糙米** 稻谷（彩图 6）即带外壳的水稻及早稻的籽实，其中外壳约占 20%~25%，糙米约占 70%~80%，颜色为白到浅灰黄色，有新鲜的米味，不应有酸败或发霉味道。大米一般多作为人的主食，用于饲料的多属于久存的陈米，粗蛋白质含量为 7%~11%，蛋白质中赖氨酸含量为 0.2%~0.5%。

【注意】

糙米、碎米可以广泛用于肉羊饲料中，其饲用价值和玉米相似，但应粉碎使用。此外，稻谷和糙米均可作为精饲料用于羊日粮中，对于羔羊有很好的饲养价值。

2. 糠麸类

糠麸类是谷物加工后的副产品，我国常用的是小麦麸、次粉和米糠，它们是面粉厂和碾米厂的副产品。碾米厂的砻糠和统糠，营养价值很低，不列入糠麸类饲料。

【提示】

糠麸类饲料除无氮浸出物外，其他成分的含量都比原粮多，能量含量是原粮的 60% 左右；蛋白质含量为原粮的 15% 左右，比谷实类高 3%~5%；B 族维生素含量丰富，尤其含维生素 B_1、烟酸、胆碱和维生素 B_6 较多，维生素 E 含量也较多。糠麸类的物理结构疏松、体积大、重量轻，含有适量的粗纤维和硫酸盐类，有利于胃肠蠕动，易消化，有轻泻作用；可作为载体、稀释剂和吸附剂；消化能或代谢能水平比较低，仅为谷实类的一半。

(1) 小麦麸　小麦麸俗称麸皮，是以小麦为原料加工面粉时的副产品之一。加工面粉的质量要求不同，出粉率也不一样，小麦麸的质量相差也很大。如生产的面粉质量要求高，小麦麸中来自胚乳、糊粉层成分的比例就高，小麦麸的质量好，反之，小麦麸的质量差。

小麦麸适口性好，但能量价值较低，消化能、代谢能均较低。小麦麸的粗蛋白含量较高，一般为11%~15%，蛋白质的质量较好，赖氨酸含量为0.5%~0.7%，但是小麦麸的中蛋氨酸含量较低，只有0.11%左右。小麦麸中B族维生素及维生素E含量高，可作为羊配合饲料中维生素的重要来源。在配制饲料时，小麦麸是重要的原料。

我国农业行业标准NY/T 119—2021《饲料原料　小麦麸》规定：水分含量小于或等于13%、粗蛋白质含量大于或等于15%、色泽、气味正常，无霉变、无结块。

☞【注意】

小麦麸的最大缺点是钙、磷比例极不平衡。小麦麸中，钙含量只有0.16%，磷含量可达1.31%，钙和磷的比例几乎是1:8，不适合单独作为羊的饲料，实际中需要与其他饲料或矿物饲料配合使用；小麦麸中的植酸磷经瘤胃微生物的作用，可被很好地吸收利用；小麦麸具轻泻作用，饲喂量不宜过大。

(2) 米糠（米皮糠、细米糠）　米糠（彩图7）是糙米精制时产生的由稻谷的种皮、糊粉层及部分胚芽构成的副产品。米糠经过脱脂后成为脱脂米糠，其中经压榨法脱脂的产物称为米糠饼；而经有机溶剂脱脂的产物称为米糠粕。

米糠含有较多的蛋白质和赖氨酸、粗纤维、脂肪等。特别是脂肪的含量较高，且以不饱和脂肪酸为主，其中的亚油酸和油酸含量占

79.2%。米糠的有效能值较高，与玉米相当。含钙量低；含磷以有机磷为主，利用率低，钙磷比例不平衡。微量元素以铁、锰含量较为丰富，而铜含量较低。米糠中富含有 B 族维生素和维生素 E，但是缺少维生素 A、维生素 C 和维生素 D。

【提示】

> 米糠中含有胰蛋白酶抑制剂、植酸、非淀粉多糖等抗营养因子，可引起蛋白质消化障碍，影响矿物质和其他养分的利用。

作为饲料原料的米糠应呈浅黄色，无霉变、无结块、无异味、无生虫及无酸败味，水分含量小于 10.5%、脂肪含量大于 14.0%。

【注意】

> 米糠不但是一种含有效能值较高的饲料，而且其适口性也较好，大多数动物都比较喜欢采食。但是米糠脂肪含量较高，并且脂肪中不饱和脂肪比例高，易酸败变质，不宜久存。同时，喂量过多时容易引起腹泻，还会引起脂肪变黄、变软，影响肉的品质，切勿过量饲喂。米糠中钙、磷比例严重不当，在大量使用细米糠时，应注意补充含钙饲料。

（3）**玉米糠**　玉米糠是玉米加工淀粉后的副产品，由种皮、胚芽和胚乳组成。玉米糠含粗蛋白质 10.1%，粗纤维含量较高（9.1% ~ 13.8%），可消化性比玉米差，适口性比小麦麸好，在羊日粮中可以替代小麦麸使用。

（4）**大豆皮**　大豆皮是大豆加工过程中分离出的种皮，含粗蛋白质 18.8%，粗纤维含量高，但其中木质素少，所以消化率高，适口性也好。粗饲料中加入大豆皮能提高羊的采食量，饲喂效果与玉米相同。

3. 块根、块茎等及其加工副产品

块根、块茎类饲料（薯类饲料，彩图 8）及瓜果类饲料的特点是水分含量高，相对干物质较少。从干物质的营养价值来考虑，它们属于能量饲料的范畴，折合能量与玉米、高粱等相当。它们干物质的粗纤维含量低，一般为 2.5% ~ 3.5%；无氮浸出物含量很高，占干物质的 65% ~ 85%，而且多是宜消化的糖、淀粉等。它们具有能量饲料的一般缺点，即蛋白质含量低（但生物学价值很高），而且非蛋白氮占的比例较高，矿物质和 B 族维生素的含量也不足；各种矿物质和维生素含量差别很大，一般缺钙、磷，富含钾。胡萝卜含有丰富的胡萝卜素，甘薯和马铃薯却缺乏各种维生素。块根、块茎类饲料鲜样的含水量高达 70% ~ 95%，松脆可口，容易消化，有机物消化率为 85% ~ 90%，能量低。冬季，在以秸秆、干草为主的羊日粮中配合部分多汁的块根、块茎类饲料，能改善日粮适口性，提高饲料转化率。

（1）甘薯　甘薯也叫红薯、白薯、红苕、地瓜等，是高产作物，一般每亩（1 亩 = 666.6 米^2）可产 1000 ~ 1500 千克。如果以块根中干物质计算，甘薯比水稻、玉米产量都高，其有效能值与稻谷近似，是羊的良好能量饲料。甘薯中粗蛋白质含量较低，在干物质中也只有 3.3%；粗纤维少；富含淀粉；钙的含量特别低。甘薯怕冷，宜在 13℃ 左右环境中贮存。甘薯粉渣是甘薯制粉后留下的残渣，鲜的粉渣含水量为 80% ~ 85%，干燥的粉渣含水量为 10% ~ 15%。粉渣中的主要营养成分为可溶性无氮浸出物，容易被羊消化、吸收。由于甘薯中含蛋白质和矿物质少，故其粉渣中也缺少蛋白质、钙、磷和其他无机盐类。将甘薯粉渣和其他蛋白质饲料结合，制成颗粒后喂羊可取得良好的饲喂效果，但应在饲料中添加足够的矿物质饲料。

【注意】

甘薯易患黑斑病，患有黑斑病的甘薯及其制粉和酿酒的槽渣，不宜作为肉羊饲料，因为这种霉菌产生一种苦味，不但适口性差，还可导致羊发病。有黑斑病的甘薯有异味且含毒性酮，喂羊易导致喘气病，严重的会引起死亡。

（2）木薯　木薯主要产于我国南方。以块根中的干物质计算，木薯比玉米、水稻的产量都高。木薯属于多汁饲料，含水量为 70% ~ 75%，粗纤维含量比较低，能量营养价值比较高；粗蛋白质的含量低，在干物质中也只有 2% ~ 3%；矿物质含量也很低，特别是钙的含量更低。木薯可切成片晒干，木薯干中含有丰富的碳水化合物，其有效能值与糙米、大麦相近，但蛋白质的含量低且质量差，无机盐、微量元素等矿物质含量均低。

【注意】

木薯分为甜木薯和苦木薯两种，均含亚麻苦苷。亚麻苦苷易溶于水，经酶的作用或遇稀酸游离出氢氰酸，氢氰酸对羊是一种有毒物质。苦木薯中亚麻苦苷含量高，为 0.02% ~ 0.03%，需要脱毒后方可喂羊。甜木薯中亚麻苦苷含量低，约为 0.01%，可以直接用于饲料中。木薯经过水浸可溶去亚麻苦苷，经过蒸煮可使氢氰酸消失。有报道，每千克木薯中含氢氰酸达 60 毫克时，煮沸 30 分钟以上，其氢氰酸可全部消失。木薯可在羊饲料中限量使用，以不超过日粮的 20% 为好。

（3）**马铃薯**　马铃薯也叫土豆，属于块根块茎类植物。它作为能量饲料的价值小于木薯和甘薯，马铃薯含有大量的无氮浸出物，其中大部分是淀粉，约占干物质的 70%。风干的马铃薯中粗纤维的含量为 2% ~ 3%；无氮浸出物含量为 70% ~ 80%；粗蛋白质含量为 8% ~ 9%，含消化能 14.23 兆焦/千克左右。马铃薯含非蛋白氮较多，约占蛋白质含量的一半。马铃薯经加工制粉后的剩余物为马铃薯粉渣，含淀粉很丰富，其营养价值与甘薯粉渣相似。干的粉渣含蛋白质约 4.1%，含可溶性无氮浸出物约 70%，是很好的能量饲料。马铃薯粉渣可用于羊饲料中。羊可以很好地利用马铃薯中的非蛋白氮和可溶性无氮浸出物，日粮中马铃薯的比例应控制在 20%。

【注意】

马铃薯中有一种含氰物质，叫茄碱，是有毒物质，主要分布在块茎的青绿皮上、芽眼与芽中。在幼芽及未成熟的块茎和贮存期间经日光照射变成绿色的块茎中含量较高，喂量过多可引起中毒。饲喂时要仔细选择并切除发芽部位，以防中毒。

（4）**甜菜与甜菜渣**　甜菜类作物有许多种类，一般根据其块根中干物质含量和含糖量的多少，可分为饲用甜菜（彩图9）、半糖用甜菜和糖用甜菜。饲用甜菜的鲜品中含干物质9%～14%，干物质中含粗蛋白质8%～10%、粗纤维4%～6%、无氮浸出物50%～60%；由于糖用和半糖用甜菜中含有大量蔗糖，故一般不用作饲料，而是用来制糖，再用其副产品——甜菜渣做饲料。甜菜渣的含水量为88%左右，经烘干后制成干粉料，粗蛋白质含量约为9%，粗纤维含量高达20%以上，无氮浸出物含量为50%左右，维生素和矿物质含量均低。

【注意】

饲喂干甜菜渣前应先用2～3倍重量的水浸泡，避免干饲后在羊的消化道内大量吸水引起瘤胃臌气。甜菜渣加糖蜜和7.8%尿素可以制成甜菜渣块制品，它质硬、消化慢、尿素利用率高、安全性好，可使羊的采食量提高20%。

甜菜和甜菜渣都是肉羊育肥的好饲料，且饲喂时干、鲜皆宜。干甜菜渣可取代日粮中的部分谷类饲料，但不可作为唯一的精饲料来源。在羊育肥料中可取代50%左右的谷实类饲料，并且用它可以预防瘤胃臌气。在羔羊代乳料中，应尽量少用，在成年羊饲料中可以增加用量。

（5）果渣　果渣是果蔬品副产品，比如苹果渣、葡萄渣、柑橘渣、番茄渣等，这些副产品富含肉羊可以消化的营养物质，然而由于水分含量高，难以保存。

【提示】

近年来，通过微生物发酵技术，向高水分含量的新鲜果渣中添加益生菌，在有氧和无氧条件下进行发酵，其产品可以很好地用于羊饲料中，用量以占日粮的20%以下为宜。

4. 糖蜜

糖蜜是制糖工业的副产品。按制糖原料不同，分为甘蔗糖蜜、甜菜糖蜜、柑橘糖蜜及淀粉糖蜜。糖蜜为黄色或褐色液体，其中柑橘糖蜜略苦，其余三种均具有甜味。

糖蜜的主要成分为糖类，如甘蔗糖蜜含蔗糖24%~36%、还原糖12%~24%；甜菜糖蜜所含糖类几乎都是蔗糖。糖蜜矿物质含量较高，主要为钠、钾、镁、氯等，特别是钾含量最高，甘蔗糖蜜的钾含量约为3.6%，甜菜糖蜜的钾含量为4.8%，还含少量钙、磷，但维生素的含量非常低。除淀粉糖蜜外，其他糖蜜含有3%~4%的可溶性胶体，主要成分为木聚糖、阿拉伯胶及果胶等。各种糖蜜均含有少量粗蛋白质，多是非蛋白氮。糖蜜具有黏性，这有助于制粒，可以将其作为黏结剂使用，添加1%~3%即具有改善颗粒饲料硬度的效果，对粉状饲料还有降低粉尘的作用。

 【注意】

　　糖蜜由于含有盐类等，有轻泻作用。糖蜜多为液态，含水量虽高，很难在配合饲料中大量使用。

 【提示】

　　肉羊瘤胃微生物可很好地利用糖蜜中的非蛋白氮，从而提高其蛋白质价值，糖蜜中的糖类有利于瘤胃微生物的生长和繁殖，可以改善瘤胃环境。糖蜜可作为肉羊育肥的饲料，和干草、秸秆等粗饲料搭配使用，改善它们的适口性，提高羊的采食量。

二、蛋白质饲料

饲料干物质中粗蛋白质含量大于或等于20%，同时粗纤维含量小于18%的饲料，称作蛋白质饲料。蛋白质饲料包括植物性蛋白质饲料、动物性蛋白质饲料、非蛋白氮饲料和单细胞蛋白质饲料。

1. 植物性蛋白质饲料

植物性蛋白质饲料的蛋白质含量较高，赖氨酸和色氨酸含量较低。其营养价值随原料的种类、加工工艺和副产品有很大差异。一些豆科籽实、饼粕类饲料中还含有抗营养因子。

（1）大豆饼（粕）　大豆饼（粕）是以大豆为原料取油后的副产品，是目前使用最广泛、用量最多的植物性蛋白质原料。由于制油

工艺不同，通常将浸提法取油后的产品称为大豆粕（比压榨法可多取油4%~5%），而将压榨法取油后的产品称为大豆饼。

大豆饼（粕）粗蛋白质含量高，一般为40%~50%，必需氨基酸含量高，且组成合理。赖氨酸含量在饼粕类中最高，为2.4%~2.8%。赖氨酸与精氨酸的比例约为100∶130。异亮氨酸、色氨酸、苏氨酸含量高（异亮氨酸与缬氨酸的比例适宜），与谷实类饲料配合可起到互补作用。蛋氨酸含量不足。大豆饼（粕）粗纤维含量低，主要来自大豆皮。无氮浸出物的含量一般为30%~32%，其中主要是蔗糖、棉籽糖、水苏糖和多糖类，淀粉含量较低。大豆饼（粕）中胡萝卜素、维生素 B_1 和维生素 B_2 含量低，烟酸和泛酸含量较高，胆碱含量丰富（2200~2800毫克/千克），维生素 E 在脂肪残量高和储存不久的大豆饼（粕）中含量较高。矿物质中钙少磷多，磷多为植酸磷（约占61%），硒含量低。大豆饼（粕）适口性好，加工适当的大豆饼（粕）仅含微量抗营养因子，不易变质，使用上无用量限制。

饲料用大豆饼（粕）相关标准规定：大豆粕呈黄褐色或浅黄色不规则的碎片状（大豆饼呈黄褐色饼状或小片状），色泽一致，无发酵、无霉变、无结块及无异味异臭；水分含量不得超过13.0%；不得掺入大豆饼（粕）以外的物质；若加入抗氧化剂、防霉剂等添加剂时，应做出相应的说明。

 【说明】

大豆饼（粕）是羊的优质蛋白质饲料，可用于配制代乳品和羔羊的开口料。大豆饼（粕）在氨基酸含量上的缺点是蛋氨酸不足，因而在主要使用大豆饼（粕）的日粮中一般要另外添加蛋氨酸，才能满足羊的营养需要。日粮中大豆饼（粕）的添加量不超过20%。

（2）**菜籽饼（粕）** 菜籽饼（粕）是油菜籽榨油后的副产品。蛋白质含量为36%左右，代谢能为8.4兆焦/千克，矿物质和维生素比大豆饼（粕）丰富，含磷较多，含硒量比大豆饼（粕）高6倍，居各种饼（粕）之首。

【注意】

菜籽饼（粕）中的有毒有害物质主要是从油菜籽中所含的硫代葡萄糖苷衍生出来的，这种物质主要分布于油菜的柔软组织中。此外，菜籽饼（粕）中还含有单宁、芥子碱、皂苷等有害物质。它们有苦涩味，影响蛋白质的利用效果，阻碍羊的生长。

饲料用菜籽饼（粕）国家标准规定：呈黄色或浅褐色的碎片或粗粉状（饼呈褐色的小瓦片状、片状或饼状），具有菜籽粕油香味，无发酵、无霉变、无结块及无异味异臭。水分含量不得超过 12.0%；不得掺入菜籽饼（粕）以外的物质。

【提示】

饲喂菜籽饼（粕）对羊的副作用要低于对猪、鸡等单胃动物的副作用。菜籽饼（粕）含毒素，羔羊、怀孕母羊最好不喂。菜籽饼（粕）在羊瘤胃内降解速度低于大豆饼（粕），过瘤胃部分较大。由双低油菜籽加工的菜籽饼（粕），所含毒素也少。对于这样的菜籽饼（粕），在饲料中可加大用量。

（3）**棉籽饼（粕）**　棉籽饼（粕）是棉花籽实脱油后的饼或粕［去壳的叫棉仁饼（粕）］。棉仁饼（粕）的蛋白质含量可达 41%～44%，代谢能为 10 兆焦/千克左右，与大豆饼（粕）相似。不去壳的棉籽制成的棉仁饼（粕），蛋白质含量为 22% 左右，代谢能为 6.0 兆焦/千克左右，在使用时应加以区分。

【提示】

在棉籽内，含有对畜禽健康有害的物质——棉酚和环丙烯脂肪酸。棉酚可引起畜禽中毒。日粮中棉籽饼（粕）用量过度时通常的症状是，增重慢，饲料转化率低。

我国农业行业标准规定：棉籽粕呈色泽新鲜一致的黄褐色（饼

呈小瓦片状或圆扁块状），无发酵、无霉变、无结块及无异味异臭。水分含量不得超过 12.0%。不得掺入棉籽饼（粕）以外的物质；若加入抗氧化剂、防霉剂等添加剂时，应做相应的说明。

【注意】

　　羊因瘤胃微生物可以分解棉酚，所以棉酚对羊的毒性相对小。棉籽饼（粕）可作为良好的蛋白质饲料来源，是棉区喂羊的好饲料。在羊的育肥饲料中，棉籽饼（粕）可占到 50%。如果长期过量使用则影响羊的种用性能。长期大量饲喂棉籽饼（粕）（日喂 1 千克以上）会引起中毒。在羔羊日粮中一般不超过 20%。棉籽饼（粕）常用的去毒方法为：煮沸 1~2 小时，冷却后饲喂。

　　（4）向日葵仁饼（粕）　向日葵仁饼（粕）是向日葵籽榨油后的残余物。向日葵饼（粕）的饲用价值根据其脱壳程度而定。我国的向日葵仁饼（粕）一般脱壳不净。其粗蛋白质含量为 28%~32%，赖氨酸含量不足，低于棉仁饼（粕）和花生仁饼（粕），更低于大豆饼（粕）；可利用能量水平很低，代谢能为 6~7 兆焦/千克。也有优质的向日葵仁饼（粕），带壳很少，粗纤维含量为 12%，代谢能可达 10 兆焦。向日葵仁饼（粕）与其他饼粕类饲料配合使用可以得到良好的饲养效果。

　　饲料用向日葵仁饼（粕）相关标准规定：向日葵仁饼为小片状或块状，向日葵仁粕为浅灰色或黄褐色不规则碎块状、碎片状或粗粉状，色泽新鲜一致；无发霉、无变质、无结块及无异味，水分含量不得超过 12.0%，不得掺入其他物质。

【说明】

　　羊对氨基酸的需求量比单胃动物要低，向日葵仁饼（粕）的适口性好，其营养价值相对比较高，脱壳者的饲用效果与大豆饼（粕）不相上下。它也是羊的优质饲料，与棉籽饼（粕）有同等价值。

（5）花生饼（粕）　花生脱壳后榨油的副产品是花生饼（粕），营养价值高，代谢能可超过大豆饼（粕），可达到12.50兆焦/千克，是饼粕类饲料中可利用能量水平最高的饼（粕）；蛋白质含量高达44%以上；适口性极好，有香味，所有动物都很爱吃。花生饼（粕）蛋白质中的氨基酸含量较为平衡，利用率也高，配合饲料时，需要补充赖氨酸及含硫氨基酸。

【提示】

花生饼（粕）很易感染黄曲霉，引起畜禽中毒。因此，花生饼（粕）应随加工随使用，不要贮存时间过长。采用高温、高湿地区的饲料原料，包括花生饼（粕）、玉米、米糠、大米等，都要检测它们的黄曲霉毒素含量。

饲料用花生饼（粕）相关标准规定：呈色泽新鲜一致的黄褐色或浅褐色碎屑状（饼呈小瓦片状或圆扁块状），色泽一致，无发酵、无霉变、无结块及无异味异臭。水分含量不得超过12.0%。不得掺入花生饼（粕）以外的物质。

【注意】

羊的饲料中可添加花生饼（粕），并且饲喂效果不次于大豆饼（粕）。因其适口性好，可以用于羔羊的开口料。因肉羊瘤胃微生物有分解毒素的功能，羊对黄曲霉毒素不很敏感，感染黄曲霉毒素的花生饼（粕），可以用氨处理去毒后饲喂。花生饼（粕）在瘤胃中的降解速度很快，进食后几小时可有85%以上的干物质被降解，因此，花生饼（粕）不适合作为肉羊唯一的蛋白质饲料原料。

（6）芝麻饼（粕）　芝麻饼（粕）是芝麻取油后的副产品，是一种很有价值的蛋白质来源。芝麻饼（粕）不含对畜禽有不良作用的成分。芝麻饼（粕）含粗纤维7%左右、代谢能9.5兆焦/千克（根据脂肪含量多少而有所不同）。芝麻饼（粕）的粗蛋白质含量达40%，蛋氨酸含量高达0.8%以上，是所有植物性饲料中蛋氨酸含量

最高的；但赖氨酸含量不足，配合饲料时应多加注意。

饲料用芝麻饼（粕）的质量要求为：水分含量小于7.0%、粗蛋白质含量大于或等于44.0%、粗脂肪含量大于5.0%、粗纤维含量小于6.0%、粗灰分含量小于11.0%、盐酸（不溶）含量小于1.5%；色泽新鲜一致，无发霉、无变质、无虫蛀、无结块，不带异臭异味，不得掺杂。

【说明】

用于羔羊和育肥羊，芝麻饼（粕）可使肉羊被毛光泽好，但用量过多也可引起体脂软化。肉羊日粮中可以提高其用量。

（7）亚麻仁饼（粕）　在我国北方地区种植油用亚麻，俗称胡麻。亚麻籽脱油后的残渣叫亚麻仁饼（粕）。亚麻仁饼（粕）适口性差，代谢能较低；粗脂肪含量约为8%，有的高达12%；粗蛋白质含量为32%~36%。

【注意】

脂肪含量高的亚麻仁饼（粕）很容易变质，不利保存。经高温高压榨油的亚麻仁饼（粕）很容易引起蛋白质褐变，降低其利用率；亚麻仁饼（粕）中赖氨酸不足；亚麻籽，特别是未成熟的亚麻籽，含有亚麻苦苷，属于生氰糖苷，它可生成氢氰酸，这是一种对任何畜禽都有毒的物质。

饲料用亚麻仁饼（粕）相关标准规定：水分含量小于12%、粗蛋白质含量大于28%，粗纤维含量小于11%，粗灰分含量小于8%；色泽新鲜一致，呈褐色，有油香味，无发酵、无霉变、无虫蛀、无结块及无异味异臭。

【说明】

羊可以很好地利用亚麻仁饼（粕），使其成为优质的蛋白质饲料。亚麻仁饼（粕）还有促进胃肠蠕动的功能。羔羊、成年羊及种用羊均可使用，并且使用后羊皮毛光滑、润泽，但用量应在10%以下。每天采食量在500克以上时，则有稀便倾向。

（8）**椰子饼（粕）**　椰子的胚乳部分经过干燥后含油量为 66%，去油后的产物就是椰子饼（粕）。椰子饼（粕）纤维含量高，为 12%～14%；代谢能比较低，氨基酸组成不够好，缺乏赖氨酸和蛋氨酸；水分含量为 8%～9%，粗蛋白质含量为 20%～21%；粗脂肪根据加工方法的不同差异较大，压榨脱油的含量可达 6%，溶剂去油的含量仅为 1.5%。椰子饼（粕）含有饱和脂肪酸，所以在含有椰子饼（粕）的日粮中不需要考虑必需脂肪酸的问题。

【注意】

椰子饼（粕）宜用于肉羊饲料中，适口性好。羊采食太多时有便秘倾向，精料补充料中椰子饼（粕）的使用量以在 20% 以下为宜。

（9）**啤酒糟**　啤酒糟是啤酒工业的主要副产品，是以大麦为原料生产啤酒时，经发酵提取可溶性碳水化合物后的残渣。啤酒糟干物质中含粗蛋白质 25.13%、粗脂肪 7.13%、粗纤维 13.81%、灰分 3.64%、钙 0.4%、磷 0.57%；在氨基酸组成上，赖氨酸占 0.95%、蛋氨酸占 0.51%、胱氨酸占 0.30%、精氨酸占 1.52%、异亮氨酸占 1.40%、亮氨酸占 1.67%、苯丙氨酸占 1.31%、酪氨酸占 1.15%；还含有丰富的锰、铁、铜等微量元素。啤酒糟蛋白质含量中等，亚油酸含量高。麦芽根含多种消化酶，少量使用有助于消化。

饲料用啤酒糟要求色泽新鲜一致，无霉变、无虫蛀、无结块及无异味异臭；水分含量小于或等于 12%、粗蛋白质含量大于或等于 20%（一级要求大于或等于 25%）、粗脂肪含量大于或等于 6%、粗纤维含量小于或等于 19%、粗灰分含量小于或等于 4%。

【说明】

啤酒糟的成分以戊聚糖为主，对幼畜营养价值低；麦芽根虽具芳香味，但含生物碱，适口性差，可作为山羊的蛋白质饲料。

（10）**酒糟蛋白饲料**　含有可溶固形物的干酒糟。在以玉米为原料发酵制取乙醇过程中，其中的淀粉被转化成乙醇和二氧化碳，其他营养成分如蛋白质、脂肪、纤维等均留在酒糟中。同时，由于微生物的作用，酒糟中蛋白质、B 族维生素及氨基酸含量均比玉米有所增加，并含有发酵中生成的未知促生长因子。市场上的玉米酒糟蛋白饲料产品有两种：一种为干酒糟（DDG，Distillers Dried Grains），是将玉米酒精糟做简单过滤，干燥滤渣，排掉滤清液，只对滤渣单独干燥而获得的饲料；另一种为干全酒糟（DDGS，Distillers Dried Grains with Solubles），是将滤清液干燥浓缩后再与滤渣混合干燥而获得的饲料。后者的能量和营养物质总量均明显高于前者。酒糟蛋白饲料的蛋白质含量高（干全酒糟的蛋白质含量在 26% 以上），富含 B 族维生素、矿物质和未知生长因子，促使皮肤发红。干全酒糟柔软、卫生、适口性好，可以作为山羊的良好饲料。

酒糟蛋白饲料要求色泽一致，呈褐色，无霉变、无虫蛀、无结块及无异味异臭；水分含量小于 8%、粗蛋白质含量大于 27%、粗脂肪含量大于 6%、粗纤维含量小于 10%、粗灰分含量小于 8%。酒糟蛋白饲料赖氨酸含量偏低，品质变异较大，添加量过大会影响种畜禽繁殖率，导致羊奶变酸。

👉【注意】

干全酒糟的水分含量高，霉菌容易生长，因此霉菌毒素含量很高，可能存在多种霉菌毒素，会引起家畜的霉菌毒素中毒症，导致羊免疫低下，易发病，生产性能下降，所以必须使用防霉剂和广谱霉菌毒素吸附剂；干全酒糟的不饱和脂肪酸比例高，容易发生氧化，对动物健康不利，能量水平下降，影响生产性能和产品质量，所以要使用抗氧化剂；纤维含量高，使用酶制剂可以提高羊对纤维的利用率。

（11）玉米蛋白粉　玉米蛋白粉与玉米糠不同，它是玉米脱胚、粉碎及去渣，提取淀粉后的脱水副产品，是有效能值较高的蛋白质饲料，其氨基酸利用率可达到大豆饼的水平。蛋白质含量高达 50% ~ 60%。高能、高蛋白质，蛋氨酸、胱氨酸、亮氨酸含量丰富，叶黄素含量高，有利于禽蛋及皮肤着色。

饲料用的玉米蛋白粉要求呈浅黄色、金黄色或橘黄色，色泽均匀，多数为固体状，少数为粉状，具有发酵气味；无发霉、无变质、无虫蛀、无结块，不带异臭气味，不得掺杂。加入抗氧化剂、防霉剂等添加剂时应做相应的说明。

【注意】

　　玉米蛋白粉的赖氨酸、色氨酸含量低，氨基酸组成不平衡，黄曲霉毒素含量高。

（12）**玉米胚芽粕**　玉米胚芽粕是以玉米胚芽为原料，经压榨或浸提取油后的副产品。玉米胚芽粕含粗蛋白质 18%～20%、粗脂肪 1%～2%、粗纤维 11%～12%。其氨基酸组成与玉米蛋白饲料（或称玉米麸质饲料）相似。氨基酸组成较平衡，赖氨酸、色氨酸、维生素含量较高。

饲料用的玉米胚芽粕要求色浅，无发酵、无霉变、无结块，无异味及无杂物；水分含量小于 10%、粗蛋白质含量大于 20%、粗脂肪含量大于 1.5%、粗纤维含量小于 11%、粗灰分含量小于 2.5%。

【注意】

　　玉米胚芽粕的能量随着含油量高低而变化，品质变化较大，黄曲霉毒素含量高。

2. 动物性蛋白质饲料

动物性蛋白质饲料是指用作饲料的水产品、畜禽加工副产品及乳、蚕丝工业的副产品等，如鱼粉、肉骨粉、血粉、羽毛粉、乳清粉、蚕蛹粉等。其营养特点是蛋白质含量高。我国已经禁止在反刍动物日粮中使用除乳制品以外的动物源性产品。乳制品肉羊和母羊中很少使用，在种羊和羔羊中略有使用。

3. 非蛋白氮饲料

非蛋白氮饲料是尿素（彩图 10）、双缩脲及某些铵盐等化工合成的含氮物的总称。其作用是作为瘤胃微生物合成蛋白质所需

的氮源，从而补充蛋白质营养，节省蛋白质饲料。在非蛋白氮饲料中，尿素的含氮量为46%，每千克尿素的含氮量相当于7千克大豆饼的粗蛋白质含量。用适量尿素代替羊日粮中的蛋白质可以降低成本，提高生产性能。尿素喂量过大会发生中毒，一般尿素喂量占日粮干物质的1%，或占精料补充料的2%，尿素氮的含量不应超过日粮总氮量的30%。对瘤胃机能尚未发育完全的羔羊不宜补饲尿素。

我国近代提出用"尿素发酵潜能（UFP）"来估测日粮中尿素的适宜添加量。公式如下：

$$UFP = (0.1044TDN - B)/2.8$$

式中，TDN为饲料的消化养分含量（%）；B为每千克饲料（日粮）的降解蛋白质的质量（克）；2.8是尿素的蛋白质当量〔（45%×6.25）~（46%×6.25）〕；0.1044TDN为每千克饲料（日粮）干物质中可能生成微生物蛋白质的质量（克）。

例如：玉米的TDN为90%，蛋白质为8.6%，其降解率为65%，则每千克玉米的降解蛋白质为1000×8.6%×65%（克）=55.9（克），则尿素发酵潜力为：

$$UFP = (0.1044 \times 1000 \times 90\% - 55.9)/2.8(克) \approx 13.6(克)$$

即每进食1千克玉米的干物质，可添加13.6克的尿素。尿素不宜单喂，应与其他精饲料搭配使用，也可调制成尿素溶液喷洒或用于浸泡粗饲料，或调制成尿素氨化饲料，或制成尿素饲料砖。为了降低尿素在瘤胃中水解生成氨的速度，可制成玉米尿素胶化饲料、磷酸脲、羟甲基尿素等非蛋白氮饲料。严禁饲喂过量尿素，防止出现氨中毒。饲喂时要有5周左右的适应期。

4. 单细胞蛋白质饲料

饲料酵母是指用作畜禽饲料的酵母菌体，包括所有用单细胞微生物生产的单细胞蛋白。呈浅黄色或褐色的粉末或颗粒，蛋白质含量高，赖氨酸含量高，含菌体蛋白4%~6%；维生素含量丰富，B族维生素含量丰富；具有酵母香味。酵母的组成与菌种、培养条件有关。一般含蛋白质40%~65%、脂肪1%~8%、糖类25%~40%、灰分

6%~9%，其中约有 20 种氨基酸。在谷物中含量较少的赖氨酸、色氨酸，在酵母中比较丰富；特别是在添加蛋氨酸时，可利用氮比大豆高 30% 左右。酵母通常作为蛋白质和维生素的添加饲料，其质量标准见表1-2。

表1-2　饲料酵母质量标准

项　　目		优等品	一等品	合格品
感观要求	色泽	浅黄色	浅黄色至褐色	
	气味	具有酵母的特殊气味，无异臭		
	粒度	应通过 SSW0.400/0.250 毫米的试验筛		
	杂质	无异物		
理化要求	水分（%）≤	8.0	9.0	
	灰分（%）≤	8.0	9.0	10.0
	碘价（以碘液检查）	不得呈蓝色		
	细胞数/(亿个/克)≥	270	180	150
	粗蛋白质（%）≥	45	40	
	粗纤维（%）≤	1.0		1.5
卫生要求	砷（以砷计，毫克/千克）≤	10		
	重金属（以铅计，毫克/千克）≤	10		
	沙门菌	不得检出		

【注意】

　　酵母品质因反应底物不同而变化，可通过显微镜检测酵母细胞总数，判断酵母质量。由于饲料酵母价格较高，所以无法普遍使用。

三、粗饲料

　　粗饲料常指各种农作物收获原粮后剩余的秸秆、秕壳及干草等，按国际饲料分类原则，凡是饲料中粗纤维含量为 18% 及以上或细胞壁含量为 35% 及以上的饲料统称为粗饲料。粗饲料的特点是粗蛋白质含量很低（3%~4%）；维生素含量极低，每千克秸秆（禾本科和豆科）含胡萝卜素2~5毫克；粗纤维含量很高（30%~50%）；无氮浸出物含量高（20%~40%）；灰分中，钙高磷低，在粗饲料所含矿物质中，硅酸盐含量高，这会影响其他养分的消化利用；粗饲料含总能高，但是消化能低。粗饲料来源广、种类多、产量大、价格低，是羊在冬、春季节的主要饲料来源。

1. 干草

干草是指青草或栽培青绿饲料在结实前的植株地上部分经一定干燥方法制成的粗饲料。制备良好的干草仍保持青绿色，所以也称为青干草。通过制备干草，达到长期保存青草中的营养物质和在冬季对羊进行补饲的目的。粗饲料中，干草的营养价值最高。

青干草包括豆科干草（苜蓿、红豆草、毛苕子等）、禾本科干草（狗尾草等）和野干草（野生杂草晒制而成）。优质青干草含有较多的蛋白质、胡萝卜素、维生素D、维生素E及矿物质。青干草粗纤维含量一般为20%~30%，所含能量为玉米的30%~50%。豆科干草蛋白质、钙、胡萝卜素含量很高、粗蛋白质含量一般为12%~20%、钙含量为1.2%~1.9%。禾本科干草含碳水化合物较多，粗蛋白质含量一般为7%~10%. 钙含量为0.4%左右。野干草的营养价值低于其他两种青干草。

【提示】
青干草的营养价值取决于作为原料的植物种类、收割的生长阶段及调制技术。禾本科牧草应在孕穗期或抽穗期收割，豆科牧草应在结蕾期或干花初期收割，晒制干草时应防止暴晒和雨淋。最好采用阴干法制作。

2. 秸秆饲料

农作物籽实收获后的茎秆和枯叶均属于秸秆饲料，常见的秸秆饲料有玉米秸、稻草、麦秸、豆秸等，来源非常广泛。

秸秆饲料粗纤维含量高于干草，一般为25%~50%；木质素含量高，如小麦秸中木质素含量为12.8%，燕麦秸中木质素含量为32%；

硅酸盐含量高，稻草的灰分含量高达 15% ~ 17%，灰分中硅酸盐占 30% 左右。秸秆饲料中有机物质的消化率很低，羊对其的消化率一般小于 50%，每千克含消化能低于干草。蛋白质含量低（3% ~ 6%），豆科秸秆饲料中蛋白质含量比禾本科的高。除维生素 D 之外，其他维生素均缺乏；矿物质中钾含量高，钙、磷含量不足。

 【提示】

秸秆的适口性差，为提高秸秆的利用率，喂前应进行切短、氨化或碱化处理。

3. 秕壳饲料

秕壳饲料是种子脱粒或清理时的副产品，包括种子的外壳或颖、外皮及混入的一些成熟程度不等的瘪谷和籽实，因此，秕壳饲料的营养价值变化较大。豆科植物秕壳中的蛋白质优于禾本科植物秕壳。一般来说，荚壳的营养价值略高于同类植物的秸秆，但稻壳和花生壳除外。砻糠质地坚硬，粗纤维高达 35% ~ 50%。常见的秕壳饲料有豆荚、稻壳、荞麦壳、棉籽壳、燕麦壳等。

 【注意】

秕壳能量变化幅度大于秸秆，主要受品种、加工贮藏方式和杂质含量的影响。如果泥土过多，甚至会堵塞消化道而引起便秘疝痛。秕壳具有吸水性，在贮藏过程中易霉烂变质。

四、青绿饲料

青绿饲料是指天然水分含量大于或等于 60% 的青绿多汁饲料，主要包括天然牧草、人工栽培牧草、青饲作物、树叶类和叶菜类、藤蔓类、非淀粉质根茎瓜类、水生植物、田间杂草等。

这类饲料种类多、来源广、产量高、营养丰富，具有良好的适口性，能促进羊消化液分泌，增进食欲，是维生素的良好来源，以抽穗或开花前的营养价值较高，被人们誉为"绿色能源"。

【注意】

青绿饲料是一类营养相对平衡的饲料，是羊的优良饲料，但其干物质少，能量相对较低。在羊生长期可用优良青绿饲料作为唯一的饲料来源，但若要在育肥后期加快育肥，则需要补充谷物、饼（粕）等能量饲料和蛋白质饲料。

1. 青绿饲料的营养特性

青绿饲料水分含量高（陆生植物的水分含量为60%~90%，而水生植物可达90%~95%），粗蛋白质含量丰富、消化率高、品质优良、生物学价值高，粗纤维含量较低（若以干物质为基础，则其中粗纤维为15%~30%、无氮浸出物为40%~50%），钙磷比例适宜，维生素含量丰富（含有大量的胡萝卜素，每千克饲料含50~80毫克，B族维生素、维生素E、维生素C和维生素K的含量也较丰富）。另外，青绿饲料幼嫩、柔软和多汁，适口性好，还含有各种酶、激素和有机酸，易于消化。羊对青绿饲料中有机物质的消化率为75%~85%。

【注意】

青绿饲料中钙、磷多集中在叶片内，它们占干物质的百分比随着植物的成熟程度而下降。此外，青绿饲料中含有丰富的铁、锰、锌、铜等微量元素。但牧草中钠和氯含量不足，所以放牧羊需要补给食盐。

2. 羊常用的青绿饲料

（1）天然牧草 我国天然草地上生长的牧草种类繁多，主要有禾本科、豆科、菊科和莎草科4类，常见的有狼尾草（禾本科）、山野豌豆（豆科）、蒲公英（菊科）、野荸荠（莎草科）等。这4类牧草干物质中无氮浸出物含量均为40%~50%；粗蛋白质含量稍有差异，豆科牧草的蛋白质含量偏高，为15%~20%，莎草科为13%~20%，菊科与禾本科多在10%~15%，少数可达20%；粗纤维含量以禾本科牧草最高，约为30%，其他3类牧草约为25%，个别低于20%；粗脂肪含量以菊科牧草含量最高，平均达5%左右，其他3类牧草为2%~4%；矿物质中一般都是钙高于磷，比例恰当。

【提示】

虽然禾本科牧草的粗纤维含量较高，对其营养价值有一定影响，但由于其适口性较好，特别是在生长早期，幼嫩可口，采食量高，因而也不失为优良的牧草。并且，禾本科牧草的匍匐茎或地下茎再生力很强，比较耐牧，对其他牧草可以起到保护作用。

(2) 栽培牧草 栽培牧草是指人工播种栽培的各种牧草，其种类很多，但以产量高、营养好的豆科（如紫花苜蓿、草木樨、紫云英、苕子等）和禾本科牧草（如黑麦草、无芒雀麦、羊草、苏丹草、鸭茅、象草等）为主。

【提示】

栽培牧草是解决青绿饲料来源的重要途径，可为羊常年提供丰富而均衡的青绿饲料。

(3) 高产青饲作物 青饲作物是指农田栽培的农作物或饲料作物，在结实前或结实期收割作为青绿饲料用。常见的青饲作物有青刈玉米、青刈大麦、青刈燕麦、甜高粱、大豆苗、豌豆苗、蚕豆苗等。

【提示】

高产青饲作物突破每亩土地常规牧草生产的生物总收获量，单位能量和蛋白质产量大幅度增加。一般青刈作物用于直接饲喂，也可以调制成青干草或青贮，这是解决青绿饲料供应的一个重要途径。目前以饲用玉米、甜高粱、籽粒苋等最有价值。

(4) 树叶类和叶菜类 常作为饲料的树叶类有榆树叶、槐树叶、杨树叶、荆树叶（豆科树种）、松针、梨树叶（果树类）等，常见的叶菜类有白菜等。它们含有丰富的蛋白质和胡萝卜素，粗纤维含量较低，营养价值较高。

(5) 藤蔓类 藤蔓类主要包括南瓜藤、丝瓜藤、甘薯藤、马铃

薯藤，以及各种豆秧、花生秧等。

（6）**非淀粉质根茎瓜类** 非淀粉质根茎瓜类包括胡萝卜、芜青、甘蓝、甜菜及南瓜等。胡萝卜产量高、耐贮存、营养丰富。大部分营养物质是淀粉和糖类，含有蔗糖和果糖，多汁味甜；每千克胡萝卜含胡萝卜素 36 毫克以上及 0.09% 的磷，高于一般多汁饲料。含铁量较高，颜色越深，胡萝卜素和铁含量越高。这类饲料天然水分含量高达 70%~90%，粗纤维含量较低，而无氮浸出物含量较高，且多为易消化的淀粉或糖类，是羊冬季的主要青绿多汁饲料。

【说明】

马铃薯、甘薯、木薯等块根块茎类，因其富含淀粉，生产上多被干制成粉后作为能量饲料利用。

（7）**水生饲料** 水生饲料大部分原为野生植物，经过长期驯化选育，已成为青绿饲料和绿肥作物，如水浮莲、水葫芦、水花生、水芹菜、水竹叶等。这类饲料具有生长快、产量高、不占耕地和利用时间长等优点。

【提示】

在南方水资源丰富地区，因地制宜发展水生饲料并加以合理利用，是扩大青绿饲料来源的一个重要途径。

3. 青绿饲料饲喂时应注意的问题

（1）**在最佳营养期收割饲喂** 直接饲喂羊时，禾本科牧草在初穗期收割，豆科牧草在初花期收割，叶菜类应在叶簇期收割。

（2）**多样搭配，营养互补** 青绿饲料是一种成本低、来源广、效果较好的羊的基本饲料，但干物质和能量含量低，应注意与能量饲料、蛋白质饲料和其他牧草配合使用。另外，青绿饲草中粗纤维、木质素含量少，不利于反刍，饲喂羊等反刍家畜时应适当补饲优质青干草，对水分较大的牧草如鲁梅克斯、菊苣等，应通过晾晒将水分降到 60% 以下再喂，否则易引起羊腹泻。

（3）**注意训饲** 对有些适口性差、有异味的牧草，如鲁梅克斯、串叶松香草、俄罗斯饲料菜等，初次饲喂时应进行训饲。先让羊停食1～2顿，将这些牧草切碎后与羊喜食的其他牧草、精饲料掺在一起饲喂，首次混合量为20%左右，以后逐渐增多，一般经3～5天训饲，羊能够适应时再足量投喂。

（4）注意加工方法和喂量　喂羊时可切得长一些，以3～10厘米为宜。适宜喂量为：绵羊每天10千克，山羊每天8～9千克。

（5）注意防止中毒

1）防止亚硝酸盐中毒。饲用甜菜、萝卜叶、芥菜叶、白菜叶等叶菜类中都含有少量硝酸盐。硝酸盐本身无毒或毒性很低，只是在细菌的作用下，腐败菌就会把硝酸盐还原为亚硝酸盐而引起羊中毒。青绿饲料堆放时间过长、发霉，或者在锅里加热或煮开后焖在锅里、缸里过夜，都会引起硝化细菌将硝酸盐还原为亚硝酸盐。

亚硝酸盐中毒后发病很快，多在1天之内死亡，甚至在半小时内死亡。发病症状表现为不安、腹痛、呕吐、流涎、吐白沫、呼吸困难、心跳加快、全身震颤、行走摇晃、后肢麻痹，体温无变化或偏低，血液呈酱油色。治疗可注射1%亚甲蓝注射液，每千克体重0.1～0.2毫升；或用甲苯胺蓝，每千克体重5毫克。还可注射维生素C（5%～10%），羊的用量为1克以上。

2）防止氢氰酸中毒。青绿饲料中一般不含有氢氰酸，但在高粱苗、玉米苗、马铃薯幼芽、木薯、亚麻叶、亚麻籽饼、三叶草、南瓜藤等中含有生氰糖苷，这些饲料因发霉或经霜冻枯萎，在植物体内特殊酶的作用下，生氰糖苷被水解而放出氢氰酸。当含生氰糖苷的饲料进入羊体后，在瘤胃微生物作用下，甚至无须特殊酶的作用，仍可生成氢氰酸，引发羊中毒。因此，若用这些饲料饲喂羊，应晒干或制成青贮饲料后再饲喂。此外，玉米、高粱收割后的再生苗，经霜冻后危害更大。

氢氰酸中毒的症状为：腹痛或腹胀，呼吸困难，呼出的气体有苦杏仁味，行走站立不稳。可视黏膜先为红色，但到后期发白或带紫，肌肉痉挛，牙关紧闭，瞳孔散大，最后卧地不起，四肢划动，呼吸肌麻痹而死。

3）防止草木樨中毒。草木樨本身并不含有毒物质，但含有香豆素，当草木樨发霉腐败时，在细菌作用下，香豆素转变为有毒的双香豆素，它与维生素 K 有拮抗作用。由于中毒发生很慢，通常饲喂草木樨 2～3 周后发病。因此，饲喂草木樨应该逐渐增加饲喂量，不能突然大量饲喂，不饲喂发霉腐败的草木樨和苜蓿。

此外，对有些青草要注意其适口性。如沙打旺营养价值较高，但有苦味．最好与秸秆或青草混合青贮，或与其他牧草混合饲喂。

4）防止农药中毒。蔬菜田、棉花田、水稻田刚喷过农药后，路旁、河边的杂草和蔬菜不能用作饲料，等下过雨或隔 1 个月后再收割，谨防引起农药中毒。

五、青贮饲料

青贮饲料（彩图 11）由含水分多的植物性饲料经过密封、发酵而成，主要用于饲喂反刍动物。青贮饲料种类包括一般青贮（普通青贮）、半干青贮（低水分青贮）和特种青贮（指除一般青贮和半干青贮以外的所有其他青贮）。青绿饲料优点很多，但是水分含量高，不易保存。为了长期保存青绿饲料的营养特性，保证饲料淡季供应，除了将青绿饲料脱水制成干草外，还可以利用微生物的发酵作用调制成青贮饲料。将青绿饲料青贮，不仅能较好地保持青绿饲料的营养特性，减少营养物质的损失，而且由于青贮过程中产生大量芳香族化合物，使饲料具有酸香味，柔软多汁，改善了适口性，是一种长期保存青绿饲料的良好方法。此外，青贮原料中含有硝酸盐、氢氰酸等有毒物质，经发酵后会大大地降低有毒物质的含量。同时，青贮饲料中由于有大量乳酸菌存在，菌体蛋白质含量比青贮前提高 20%～30%，很适合喂羊。另外，青贮饲料制作简便、成本低廉、保存时间长、使用方便，解决了冬、春季供给青绿饲料的难题，是养羊的一类理想饲料。

【注意】

用青贮饲料饲喂羊时，在日粮中应当与干草、秸秆和精饲料合理搭配，不宜过多。尤其是对初次饲喂青贮饲料的肉羊，要经过短期的过渡期适应，开始饲喂时少喂勤添，以后逐渐增加喂量。

六、矿物质饲料

矿物质是一类无机营养物质，存在于动物体内的各组织中，广泛参与体内各种代谢过程。除碳、氢、氧和氮4种元素主要以有机化合物形式存在外，其余各种元素无论含量多少，统称为矿物质或矿物质元素。

羊的日粮以植物性饲料为主，而大多数植物性饲料中的矿物质不能满足羊快速生长和繁殖的需要，矿物质在机体生命活动过程中起十分重要的调节作用，缺乏时易造成肉羊生长缓慢、抗病能力减弱，以至于威胁生命。因此生产中必须给羊补充矿物质，以达到日粮中的矿物质平衡，满足羊生存、生长、生产、高产的需要。目前，羊常用的矿物质饲料主要是含钠和氯的食盐，钙磷饲料如骨粉、碳酸钙、磷酸氢钙、蛋壳粉、贝壳粉等，以及天然矿物质饲料。

1. 钙磷饲料

(1) 磷酸氢钙　磷酸氢钙为工业磷酸与石灰乳或碳酸钙中和生产的饲料级产品。该产品作为饲料工业中钙和磷的补充剂。本品为白色或略带微黄色粉末或颗粒，主成分分子式为 $CaHPO_4 \cdot 2H_2O$。按生产工艺不同分成Ⅰ型、Ⅱ型、Ⅲ型，质量标准见表1-3。

表1-3　磷酸氢钙质量标准（GB/T 22549—2017）

项　　目		指　　标		
		Ⅰ型	Ⅱ型	Ⅲ型
总磷（P）含量（%）	≥	16.5	19.0	21.0
枸溶性磷（P）含量（%）	≥	14.0	16.0	18.0
水溶性磷（P）含量（%）	≥	—	8.0	10.0
钙（Ca）含量（%）	≥	20.0	15.0	14.0
氟（F）含量/（毫克/千克）	≤	1800		
砷（As）含量/（毫克/千克）	≤	20		
铅（Pb）含量/（毫克/千克）	≤	30		
镉（Cd）含量/（毫克/千克）	≤	10		

（续）

项　　目		指　　标		
		I 型	II 型	III 型
铬（Cr）含量/（毫克/千克）	≤		30	
游离水分（%）	≤		4.0	
细度（%）	粉状，通过 0.5 毫米试验筛 ≥		95	
	粒状，通过 2 毫米试验筛 ≥		90	

注：用户对粒度有特殊要求时，由供需双方协商。

明胶生产企业由动物骨制取明胶时所得到的磷酸氢钙（骨制）的质量标准见表 1-4。

表 1-4　饲料磷酸氢钙质量标准（骨制，GB/T 2365—2005）

项　　目		指　　标
胶原蛋白（%）		0.2~1.0
总磷（P）含量（%）	≥	16.0
钙（Ca）含量（%）	≥	21.0
氟（F）含量（%）	≤	0.18
砷（As）含量（%）	≤	0.001
铅（pb）含量（%）	≤	0.003
外观		白色粉末
粒度（%）	≥	95

（2）饲料级磷酸一二钙　饲料级磷酸一二钙的质量标准见表 1-5。

表 1-5　饲料级磷酸一二钙质量标准

项　　目		指　　标
总磷（P）含量（%）	≥	21.0
钙（Ca）含量（%）		15.0~20.0
氟（F）含量（%）	≤	0.18
砷（As）含量（%）	≤	0.003
铅（pb）含量（%）	≤	0.003

（续）

项　目	指　标
外观	白色或灰白色粉末（颗粒）
粒度（通过2毫米网孔的试验筛）(%) ≥	90
pH（10克/升溶液）	3.5~4.5

（3）磷酸二氢钙　磷酸二氢钙也叫磷酸一钙，分子式为 $Ca(H_2PO_4)_2 \cdot H_2O$，含钙量为 15.90%，含磷量为 24.58%。纯品为一种白色结晶粉末。质量参考标准见表1-6。

表1-6　磷酸二氢钙质量标准

项　目	指　标
总磷（P）含量（%）　≥	22.0
水溶性磷（P）含量（%）　≥	20.0
钙（Ca）含量（%）　≥	13.0
氟（F）含量/(毫克/千克)　≤	1800
砷（As）含量/(毫克/千克)　≤	20
铅（pb）含量/%　≤	30
游离水分含量/%　≤	4.0
外观	白色、灰褐色或略带微黄色粉末或颗粒
粒度（通过0.5毫米网孔的试验筛）(%)　≥	95
pH（2.4克/升溶液）	3~4

（4）碳酸钙　碳酸钙分子式为 $CaCO_3$，含钙量为 40%。是一种无臭、无味的白色结晶或粉末。常用的饲料级碳酸钙有两种：一种是重质碳酸钙，它是天然的石灰石经过粉碎、研细再筛选而成的，动物对它的利用率不高；另一种是轻质碳酸钙，是将石灰石锻炼，用水消化后再与二氧化碳生成沉淀而制成的，动物对它的利用率较高。由于在生产过程中通过沉淀生成，所以我们也常称其为沉淀碳酸钙。

饲料级轻质碳酸钙相关标准为碳酸钙含量大于或等于98.0%、钙含量大于或等于39.2%、水分含量小于或等于1.0%、盐酸不溶物

含量小于或等于0.2%、重金属（以铅计）含量小于或等于0.003%、砷含量小于或等于0.0002%、钡盐含量小于或等于0.005%。

【提示】

对碳酸钙的粒度没有相关规定，这主要是因为为满足禽类夜间形成蛋壳的需要，而要求颗粒大一些，而其他动物则要求颗粒小些。

（5）石粉、贝壳粉、蛋壳粉　石粉（石灰石、白垩、方解石、白云石的粉末）是天然碳酸钙，来源广、价廉、利用率高（彩图12），含钙量在33%以上，国家标准规定了饲料原料中砷、铅、汞、氟、镉等的最高限量，饲料原料的重金属含量不得超过这个标准。贝壳粉（彩图13）是钙质补充饲料，其含钙量为32%～35%。蛋壳粉（彩图14）是由蛋壳和蛋壳膜等加热干燥后制成的，其碳酸钙含量为89%～97%，其中含钙30%～40%、磷0.1%～0.4%、碳酸镁0.1%～2.0%、磷酸钙和磷酸镁0.5%～5%、有机物2%～5%，是比较廉价的钙质补充饲料。它们的特性及质量要求见表1-7。

表1-7　石粉、贝壳粉、蛋壳粉的特性及质量要求

名称	特点	质量标准								备注
		纯度（%）	水分（%）	灰分（%）	钙（%）	镁（%）	铅（%）	砷（%）	汞（%）	
石粉	呈浅灰色至灰白色	>98.0	<1.0	<98.0	>38.0	<0.5	<0.001	<0.001	<0.0002	镁超标会引起拉稀，要求全部通过40目筛
贝壳粉	呈灰白色至灰色，是良好钙源	>96.5	<1.0	<98.0	>33.0					清洗不净会造成细菌污染，蛋鸡选用贝壳粒

名称	特点	质量标准								备注
		纯度 （%）	水分 （%）	灰分 （%）	钙 （%）	镁 （%）	铅 （%）	砷 （%）	汞 （%）	
蛋壳粉	蛋壳干燥粉碎产品，蛋白质含量为12%	>98.0	<3.0	<98.0	24.0 ~ 37.0					需高温消毒，防止细菌污染

2. 食盐

食盐的成分是氯化钠，是肉羊饲料中钠和氯的主要来源。精制的食盐含氯化钠99%以上，粗盐含氯化钠95%，加碘盐含碘0.007%。纯净的食盐含钠39%、含氯60%，此外还含有少量的钙、镁、硫。食用盐为白色细粒，工业用盐为粗粒结晶。植物性日粮中氯和钠含量少，羊的日粮中需要添加食盐。

饲料用食盐要求水分含量小于0.5%、钙含量为0.03%，比重为1.12～1.28千克/升；含钠39%、镁0.13%、氯60%、硫0.20%；粒度上要求100%全通30目（0.600毫米）的编织筛；纯度为95%；防止潮解。

【注意】

动物性饲料中食盐含量比较高，一些食品加工副产品，如甜菜渣、酱渣等中的食盐含量也较多，故用这些饲料配合日粮时，要考虑它们的食盐含量。食盐容易吸潮结块，要注意捣碎或经粉碎过筛。饲用食盐的粒度为应全部通过30目筛，含水量不得超过0.5%，氯化钠纯度应在95%以上。羊需要钠和氯多，对食盐的耐受性也大，很少发生食盐中毒。肉羊育肥饲料中食盐添加量为0.4%～0.8%。最好通过盐砖补饲食盐，即把盐块放在固定的地方，让羊自行舔食，如果在盐砖中添加微量元素则效果更佳。

3. 天然矿物质饲料

天然矿物质饲料含有多种矿物质元素和营养成分，可以直接添加到饲料中，也可以作为添加剂的载体使用。常见的天然矿物质主要有膨润土、沸石、麦饭石、海泡石等。

(1) 膨润土（彩图15） 膨润土是一种天然矿物，呈灰色或灰褐色，细粉末状。在饲料工业中，一是作为饲料添加成分，以提高饲料效率；二是代替糖浆等，作为颗粒饲料的黏结剂；三是作为各种微量成分的载体，起稀释作用，例如稀释各种添加剂和尿素。饲料用膨润土各种元素的含量一般为：硅30%、钙10%、铝8%、钾6%、镁4%、铁4%、钠2.5%、锰0.3%、氯0.3%、锌0.01%、铜0.008%、钴0.004%。膨润土所含元素大都是羊生长发育必需的常量和微量元素，它还能使酶和激素的活性或免疫反应发生显著变化，对羊生长有明显的生物学价值。

(2) 沸石（彩图16） 沸石大多是由盐湖沉积和火山灰烬形成的，主要成分是含水的铝硅酸盐及钠、钾、钙、镁等离子，为白色或灰白色，呈块状，粉碎后为细四面体颗粒。斜发沸石和丝光沸石使用价值较高。沸石的功能：一是减少和吸附舍内有害气体；二是具有很高的活性和抗毒性，可调整肉羊瘤胃内的酸碱度，对肝脏和肾脏功能有良好的促进作用；三是可作为添加剂的载体，用于制作微量元素预混料或其他预混料。在生产中可作为羊的饲料添加剂，添加量为2%~7%。

(3) 麦饭石（彩图17） 麦饭石的主要成分是硅酸盐，它富含羊生长发育所必需的多种微量元素和稀土元素，如硅、钙、铝、钾、镁、铁、钠、锰、磷等，有害成分含量少，是一种优良的天然矿物质饲料。麦饭石具有一定的生理功能和药用价值，它能增强动物肝脏中DNA和RNA的含量，使蛋白质合成增多。还可提高抗疲劳和抗缺氧能力，增加血清中的抗体，具有刺激机体免疫机能的作用。此外，麦饭石还具有吸附性和吸气、吸水性能，能吸收肠道内有害气体，改善消化，促进生长，还可防止饲料在贮藏过程中受潮结块。麦饭石可作为添加剂载体使用，在羊日粮中的用量为1%~8%。

（4）**海泡石**　海泡石是一种海泡沫色的纤维状天然黏土矿物。呈灰白色，有滑感，无毒，无臭，具有特殊的层链状晶体结构，有稳定性、抗盐性及脱色吸附性，以及除毒、去臭、去污能力。海泡石具有很大的表面积，吸附能力很强，可以吸收自身重量200%～250%的水分，还具有较低的阳离子交换特性和良好的流动性。海泡石可以作为羊的添加剂，日粮用量一般为1%～3%，也可作为其他添加剂的载体或稀释剂。

（5）**稀土**　稀土由15种镧系元素和钪、钇共17种元素组成。研究表明，稀土可激活具有吞噬能力的异嗜性细胞，故可增强机体免疫力，提高动物的成活率，有益于增重及改善饲料效率，并且与微量元素有协同作用。稀土在饲料中的用量很小。来源不同的稀土，用量差别很大，应根据产品的说明书使用。

七、维生素饲料

维生素饲料包括工业合成或由原料提纯精制的各种单一维生素和混合多种维生素。维生素主要包括脂溶性维生素和水溶性维生素，是一类动物代谢所必需但需要量极少的低分子有机化合物，羊体内一般不能合成，必须由日粮提供，或者提供其先体物。脂溶性维生素包括维生素A、维生素D、维生素E和维生素K，在消化道内随脂肪一同被吸收，吸收的机制与脂肪相同，凡有利于脂肪吸收的条件，均有利于脂溶性维生素的吸收。除维生素K可由动物消化道微生物合成所需的量外，其他脂溶性维生素都必须由日粮提供；水溶性维生素包括B族维生素、维生素C、烟酸、叶酸等。各种优质干草、青绿饲料、豆科牧草、谷实类中都含有丰富的维生素。

【提示】

成年羊瘤胃微生物能合成B族维生素和维生素K，肝脏和肾脏可合成维生素C，一般不缺乏。对羔羊需额外添加，哺乳羔羊应补给维生素B_2。但当青绿饲料不足时应考虑添加维生素A、维生素D和维生素E。生产中，为了适应不同生长阶段羊对维生素的需要，添加剂预混料生产厂有针对性的生产系列复合多种维生素产品，用户可以根据自己羊的需要直接选用。

八、饲料添加剂

饲料添加剂是为了满足羊的营养需要、完善日粮的全价性或某种目的，如改善饲料的适口性、提高羊对饲料的消化率、提高抗病力或产品质量等而加入饲料中的少量或微量物质。

1. 营养性添加剂

营养性添加剂包括维生素添加剂、微量元素添加剂、氨基酸添加剂等。

(1) 维生素添加剂 维生素添加剂是由合成或提纯方法生产的单一或复合维生素。对羊来说，由于瘤胃微生物能够合成 B 族维生素和维生素 K，肝脏和肾脏能合成维生素 C，如饲料供应平衡，一般不会缺乏。除羔羊外，一般不需额外添加此类维生素。但维生素 A、维生素 D、维生素 E 等脂溶性维生素应另外补充，它们是维持羊健康和促进其生长所不可缺少的有机物质。

(2) 微量元素添加剂 微量元素一般指占动物体重 0.01% 以下的元素。羊容易缺乏的微量元素有铜、锌、锰、铁、钴、碘、硒等，一般制成混合添加剂使用。这些微量元素除为羊提供必需的养分外，还能激活或抑制某些维生素、激素和酶，对保证羊的正常生理机能和物质代谢有着极其重要的作用。因此，它们是羊生命过程中不可缺少的物质。

☞【注意】

微量元素添加剂的组成原料是含微量元素的无机或有机化合物，如机酸酸盐、氧化物、氨基酸螯合物等。微量元素在饲料中的用量极少，在预混合饲料加工过程中，计量、混合、分装等工序，必须严格控制，加强管理，严防因计量失误、混合不均匀等，造成某种元素的过量而发生中毒。

(3) 氨基酸添加剂 植物性蛋白质的氨基酸组成，几乎都不太平衡，需要氨基酸添加剂来平衡或补充饲料中某些氨基酸的不足，使其他氨基酸得到充分吸收利用。目前，人工合成的氨基酸有蛋氨酸、赖氨酸、色氨酸、苏氨酸和甘氨酸等，养羊生产中最常用的是蛋氨酸和赖氨酸两种。

【注意】

　　由于氨基酸添加剂在饲料中添加量较大，一般在日粮中以百分含量计。同时，氨基酸的添加量是以确保整个日粮内氨基酸平衡为基础的，而饲料原料中的氨基酸含量和利用率相差甚大，所以氨基酸一般不加入添加剂预混料中，而是直接加入配合饲料或浓缩蛋白饲料中。

2. 非营养性添加剂

非营养性添加剂不是饲料中的固有营养成分，本身也没有营养价值，但具有抑菌、抗病、维持机体健康，提高适口性，促进生长，避免饲料变质和提高饲料转化率的作用。

（1）抗生素添加剂　　凡能抑制微生物生长或杀灭微生物，包括微生物代谢产物、动植物体内的代谢产物或用化学合成、半合成法制造的相同的或类似的物质，以及这些来源的驱虫物质都可称为抗生素。使用抗生素添加剂可以预防羊的某些细菌性疾病，或可以消除逆境、环境卫生条件差等不良影响。抗生素添加剂会影响成年羊瘤胃微生物的状态，一般不在成年羊中使用，只用于羔羊。

【注意】

　　最好选用动物专用、吸收好和残留少、不产生抗药性的品种；严格控制使用剂量，保证使用效果，防止不良副作用；抗生素的使用要按相关规定执行，严格执行休药期。大多数抗生素代谢需 3～5 天，所以一般在屠宰前 7 天停止添加。

（2）酶制剂　　饲用酶制剂是将一种或多种用生物工程技术生产的酶与载体和吸湿剂采用一定的加工工艺生产的一种饲料添加剂。饲用酶制剂按其特性及作用主要分为两大类：一类是外源性消化酶，包括蛋白酶、脂肪酶和淀粉酶等，这类酶羊消化道能够合成与分泌，但因种种原因需要补充和强化。其主要功能是补充羔羊体内消化酶分泌不足，以强化生化代谢反应，促进饲料中营养物质的消化与吸收。另一类是外源性降解酶，包括纤维素酶、半纤维素酶、β-葡聚糖酶、木聚糖酶和植酸酶等。

饲用酶制剂无毒害、无残留、可降解，使用酶制剂不但可提高羊的生产性能，充分挖掘现有饲料资源的作用，而且还可降低羊粪便中有机物、氮和磷等的排放量，缓解发展畜牧业与保护生态环境间的矛盾，开发应用前景广阔。目前生产上使用的酶制剂多是复合酶。酶制剂主要用于羔羊、患病期间的羊及特殊时期的羊。

【小知识】

　　酶制剂的应用方式：一是直接将固体状的饲用酶制剂添加在配合饲料中。这种应用方式操作简单，但饲料制粒过程中可能破坏酶的活性。二是制粒后将液态酶喷洒在颗粒表面。这种方式避免了制粒过程中对酶活性的影响，但液态酶的稳定性比固态酶差。三是用于饲料原料的预处理。四是直接饲喂羊。

(3) **酸化剂**　能使饲料酸化的物质叫酸化剂。在饲料中添加酸化剂，可以增加羔羊发育不成熟的消化道内的酸度，刺激消化酶的活性，提高饲料养分消化率。同时，酸化剂可杀灭或抑制饲料本身存在的微生物，抑制消化道内的有害菌，促进有益菌的生长。因此，使用酸化剂可以促进动物健康，减少疾病，提高生长速度和饲料转化率。

目前用作饲料添加剂的酸化剂有 3 种，一是单一酸化剂，如延胡索酸、柠檬酸；二是以磷酸为基础的复合酸；三是以乳酸为基础的复合酸。以乳酸为基础的复合酸优于以磷酸为基础的复合酸，这是因为乳酸没有刺激性气味，能提高日粮的适口性，能明显促进消化道中有益菌的生长，能提供动物所需的能量（乳酸能量为 10 兆焦/千克）。

(4) **益生菌**　益生菌是一类有益的活菌制剂，主要有乳酸杆菌制剂、枯草杆菌制剂、双歧杆菌制剂、链球菌制剂和曲霉菌类制剂等。活菌制剂可维持动物肠道正常微生物区系的平衡，抑制肠道有害微生物繁殖。正常的消化道微生物区系对动物具有营养、免疫、刺激生长等作用，消化道有益菌群对病原微生物的生物拮抗作用，对保证动物的健康有重要意义。益生菌以对酸、碱、热等变化抗性强的活菌为有效成分。除了对有害微生物生长的拮抗和竞争性排斥作用外，活菌菌体还含有多种酶及维生素，对刺激羊生长均有一定作用。

【提示】

益生菌的生产菌种很多，美国已批准菌种有 43 种。我国批准使用的有 6 种，分别是芽孢杆菌、乳酸杆菌、粪链球菌、酵母菌、黑曲菌、米曲菌，对羊偏重于使用真菌、酵母菌制剂，并以曲霉菌效果最好。

（5）**瘤胃发酵调控制剂** 瘤胃发酵调控制剂包括脲酶抑制剂、缓冲剂等。

1）脲酶抑制剂。这是一类能够调控瘤胃微生物脲酶活性，从而控制瘤胃中氨的释放速度，达到提高尿素等利用率的添加剂。脲酶抑制剂主要有磷酸钠和氧肟酸盐。

2）缓冲剂。在使用高精料日粮时，或由高纤维日粮向高精料日粮转化过程中，瘤胃发酵产生大量的挥发性脂肪酸，超过唾液的缓冲能力时，瘤胃内的 pH 就会下降。pH 低于 6.0 时，蛋白质、纤维素的消化率就会降低，乳脂生成被抑制。pH 过低时，就会出现酸中毒。在日粮中添加缓冲剂，可以弥补内源缓冲能力的不足，预防酸中毒，提高瘤胃的消化功能，从而改善生产性能。最常用的缓冲剂为碳酸氢钠和氧化镁。一般在精料补充料中碳酸氢钠的用量为 1%，氧化镁的用量为 0.5%，二者配合使用效果更好。添加碳酸氢钠，应相应减少食盐的喂量，以免钠食入过多，但应同时注意补氯。

【注意】

羊日粮中精饲料水平达 50%~60% 时，就应该加缓冲剂，当饲喂高纤维饲料时不必使用缓冲剂。最常用的缓冲剂是碳酸氢钠，用量为日粮干物质进食量的 0.5%~1.0%，或精饲料的 1.2%~2.0%。

（6）**抗氧化剂** 饲料中的某些成分，可因与空气中的氧、饲料

中的过氧化物及不饱和脂肪酸等的接触而发生氧化变质或酸败。为了防止这种氧化作用发生，可加入一定量的抗氧化剂。常用的抗氧化剂有乙氧基喹啉（又称乙氧喹，商品名为山道喹）、二丁基羟基甲苯、丁基羟基茴香醚。

（7）**防霉剂**　饲料中常含有大量微生物，在高温、高湿条件下，微生物易繁殖而使饲料发生霉变。不但影响适口性，而且还可产生毒素（如黄曲霉毒素等）引起动物中毒。因此，在多雨季节，应向日粮中添加防霉剂。常用的防霉剂有丙酸钠、丙酸钙、山梨酸钾和苯甲酸等（彩图18）。

（8）**中草药饲料添加剂**　中草药兼有营养和药用2种属性。其营养属性主要是为动物提供一定的营养物质。药用功能主要是调节动物机体的代谢机能，健脾健胃，增强机体的免疫力。中草药还具有抑菌杀菌功能，可促进羊的生长，提高饲料的利用率。中草药中有效成分绝大多数呈有机态，如寡糖、多糖、生物碱、多酚和黄酮等，通过动物机体消化吸收再分布，病原菌和寄生虫不易对其产生抗药性，羊体内无药物残留，可长时间连续使用，无须停药期。由于中草药成分复杂多样，应用中草药作为添加剂必须根据羊的不同生长阶段特点，科学设计配方；确定、提取与浓缩有效成分，提高添加剂的效果；对有毒性的中药成分，应通过安全试验，充分证明其安全有效。

第二章
羊饲料的加工调制

第一节　有毒饲料原料的脱毒处理

一、菜籽饼（粕）的脱毒处理

菜籽饼（粕）是一种优良的天然植物蛋白源，它的蛋白质含量与氨基酸组成可以与大豆饼（粕）相媲美。然而因菜籽饼（粕）含有较多的硫代葡萄糖苷和植酸，适口性较差，且能引起中毒，影响菜籽饼（粕）的营养价值和应用范围。菜籽饼（粕）经过脱毒，减少毒性后，作为蛋白质原料加入饲料中，可以大大地节约粮食，变废为宝，提高饲养业的经济效益。现介绍几种脱毒方法供参考。

（1）水洗法　水洗法在国外已被采用，所用设备简单，技术简单，易操作，脱毒效果较好。常用连续流动水法和淋滴法 2 种处理方法，见图 2-1。但要注意，水洗法浪费水，还会损失部分水溶性蛋白质。

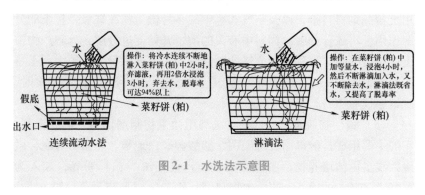

图 2-1　水洗法示意图

（2）铁盐法　将菜籽饼（粕）粉碎，按饼（粕）重的 0.5% ~ 1%

称取硫酸亚铁，溶于饼（粕）重 1/2 的水中，待硫酸亚铁充分溶解后，将饼（粕）拌湿，放置 1 小时。在 106℃ 下蒸 30 分钟后取出风干。其原理是：菜籽饼（粕）中的硫代葡萄糖苷的分解产物在处理时与亚铁离子形成螯合物，不会被羊体吸收，从而达到去毒的目的。经这样处理的菜籽饼（粕）作为饲料，不但脱毒完全，也能给饲料加入一部分铁盐，对羊生长有利。这种处理方法简便易行，不受环境、设备条件的影响，且氨基酸与蛋白质损失少，适宜农村养羊专业户和饲料生产厂家采用。

（3）**氨水或碱处理法** 每 100 份菜籽饼（粕）用浓氨水（含氨28%）5 份或用纯碱粉 3.5 份，用适量清水稀释后，均匀地喷洒在粉碎的菜籽饼（粕）粉中，先用塑料薄膜覆盖堆放 3～5 小时，然后用100～105℃ 蒸汽蒸 40～50 分钟。既可将处理过的菜籽饼（粕）直接拌料饲喂，也可将其晒干或炒干后贮存备用。

（4）**坑埋法** 挖土坑，其大小根据菜籽饼（粕）数量而定，在坑内铺放塑料膜或草席。先将粉碎的菜籽饼（粕）加水浸泡，饼（粕）和水的比例约为 1∶1；浸泡后装入坑内，每立方米装菜籽饼（粕）500～700 千克。装满后，顶部铺草或塑料膜，上面压土厚 20厘米左右，2 个月后即可饲喂。

坑埋法简单、成本低，硫苷脱毒率可达到 90%～97%，噁唑烷硫酮脱毒率可达 99% 以上，蛋白质损失率只有 1% 左右。其原理是：利用土壤和饲料自带，以及空气和水中的多种微生物在缺氧条件下的分解作用，将硫苷分解。饲料中有关的酶也开始促进分解，分解产物被土壤缓慢吸附。这种脱毒方法的脱毒率与土壤含水量关系很大。土壤的含水量为 5% 时，脱毒率可达 97% 以上；土壤含水量为 20% 时，脱毒率仅有 70%。

（5）**微生物脱毒法** 这种方法利用微生物制剂作为发酵脱毒剂，它的主要组成是酵母菌、乳酸菌、醋酸菌、白地霉、黑曲霉等混合微生物浅盘固体培养物，脱毒方法是：将菜籽饼（粕）粉碎，加入为菜籽饼（粕）重 0.5% 的微生物制剂，拌匀，加水调至菜籽饼（粕）含量为 40%，在水泥地板上堆积保湿发酵。8 小时后温度为 38℃ 左

右，翻堆 1 次，再堆积，保温，控制温度为 35 ~ 38℃。每天翻堆 1
次，发酵第 3 天，辛辣味大增，4 ~ 5 天后辛辣味逐渐消失，发酵完
毕。放在太阳下晒至含水量为 8%，即为脱毒菜籽饼（粕）。

（6）**焙炒法**　置粉碎的菜籽饼（粕）于锅中，文火焙炒 30 分钟
左右，同时不断翻动，至散发出扑鼻香味，然后掺入 0.5% 的食盐，
搅拌时力求均匀，即可饲用。

二、棉籽饼（粕）的脱毒处理

由于棉籽饼（粕）中含有对羊产生毒副作用的棉酚，若对棉籽
饼（粕）进行脱毒与发酵处理，则可使其成为优良的高蛋白质饲料。

1. 化学处理法

（1）**硫酸亚铁法**　将配制好的硫酸亚铁饱和溶液直接均匀地喷
洒在经粉碎的棉籽饼（粕）上，含水量不超过 10%，以便饼（粕）
安全贮存。此外，还可将已加铁剂的饼（粕）与 1% 石灰水充分拌匀
（比例为 1∶1），置于场地上晒干或烘干即可。加入石灰水可使脱毒更
加完全。

（2）**尿素处理法**　尿素加入量为饼（粕）的 0.25% ~ 2.5%，加
水量为 10% ~ 50%，加温至 85 ~ 110℃，经过 20 ~ 40 分钟可使棉籽饼
（粕）的毒性降至微毒。

（3）**氨处理法**　将棉籽饼（粕）和稀氨水（2% ~ 3%）按 1∶1
的比例搅拌均匀后，浸泡 25 分钟，再将含水原料烘干至含水 10%
即可。

（4）**碱液处理法**　配制 2.5% 氢氧化钠溶液，并与棉籽饼（粕）
充分混合，其用量与饼（粕）重量比为 0.92∶1，将 pH 控制在 10.5。
料温达到 72 ~ 75℃ 时，持续搅拌 10 ~ 30 分钟，均匀喷洒过氧化氢溶
液，其用量与湿饼（粕）重量比为（0.18 ~ 0.51）∶1，此时饼（粕）
的 pH 为 7 ~ 8.5，保持温度在 75 ~ 90℃，持续搅拌 10 ~ 30 分钟，最
后将饲料烘干脱水，使饼（粕）含水量降至 7% 以下，所得饲料中几
乎不含棉酚。将棉籽饼（粕）用石灰水或草木灰水浸泡并淘洗后喂
羊，方法简单，效果也很好。

2. 凹凸棒石处理法

凹凸棒石是一种镁铝硅酸盐,含有很多微量和常量元素,除了可以作为一种矿物质添加剂外,还可用作棉籽饼(粕)脱毒剂。可以把它与棉籽饼(粕)一同均匀地添加到饲料中,其用量与棉籽饼(粕)用量比例为1:5。

三、蓖麻饼(粕)的脱毒处理

蓖麻饼(粕)中含丰富的蛋白质,粗蛋白质含量为33%~35%。蓖麻的蛋白质组成中,球蛋白占60%、谷蛋白占20%、清蛋白占16%,不含或只含少量羊难以吸收的醇溶蛋白,所以羊可消化吸收绝大多数蓖麻中的蛋白质。蓖麻饼(粕)的赖氨酸含量比大豆饼(粕)低56.06%,蛋氨酸含量比大豆饼(粕)高21.05%,如果二者配合使用,可达到氨基酸互补的作用。虽然蓖麻饼(粕)营养价值较高,但由于其含有蓖麻毒蛋白、蓖麻碱、蓖麻变应原和植物凝集素4种有毒物质,未经处理不能直接饲喂羊,所以长期以来蓖麻饼(粕)被当作肥料施用于农田。蓖麻饼(粕)中毒素的含量随制油方法不同而变化,冷榨饼(粕)中毒素含量最高;机榨饼(粕)中蓖麻毒蛋白和植物凝集素已失去活性,但蓖麻碱和蓖麻变应原受到的破坏很少。

1. 化学法

化学法有盐水浸泡法、盐酸溶液浸泡法、酸醛法、碳酸钠溶液浸泡法、石灰法、氢氧化钠法、氨处理法等。化学法的脱毒工艺是:将水、蓖麻饼(粕)、化学试剂按比例加入耐腐蚀并带有搅拌装置的脱毒罐中,开启搅拌,按照所需温度、压力,通(或不通)蒸汽,维持一定时间即可出料进行分离(或压榨分离),使饼(粕)中水分含量低于9%。处理方法和效果见表2-1。

表2-1 蓖麻饼(粕)化学脱毒法

方　法	操作步骤	脱毒效果
盐水浸泡法	用10%盐水,蓖麻饼(粕)与盐水的比例为1:6,在室温下浸泡8小时后,过滤后用水冲洗1次	蓖麻碱、蓖麻变应原的去除率分别为89.15%、78.80%

（续）

方　　法	操 作 步 骤	脱 毒 效 果
盐酸溶液浸泡法	用3%盐酸溶液，蓖麻饼（粕）与溶液的比例为1:3，在室温下浸泡3小时后，过滤后用水冲洗2次	蓖麻碱、蓖麻变应原的去除率分别为80.66%、98.22%
酸醛法	用3%盐酸溶液加8%甲醛溶液浸泡蓖麻饼（粕），饼（粕）与溶液的比例为1:3，室温下浸泡3小时，过滤后用水冲洗3次	蓖麻碱、蓖麻变应原的去除率分别为85.78%、98.89%；用0.9%盐酸和3%甲醛共同处理蓖麻饼（粕），蓖麻变应原被全部去除
碳酸钠溶液浸泡法	用10%碳酸钠溶液，蓖麻饼（粕）与溶液的比例为1:3，在室温下浸泡3小时后，过滤后用水冲洗2次	蓖麻碱、蓖麻变应原的去除率分别为83.56%、75.06%
石灰法	在饼（粕）中加3倍水，加4%石灰乳，100℃蒸15分钟后烘干	蓖麻碱、蓖麻变应原的去除率分别为71.38%、100%
氢氧化钠法	饼（粕）中水分含量为20%，加20%氢氧化钠溶液，在0.14兆帕压力下湿煮，过滤	蓖麻碱、蓖麻变应原的去除率分别为100%、100%
氨处理法	饼（粕）300克加21%氢氧化氨溶液73毫升搅拌，80℃反应45分钟，在80℃下烘1小时	蓖麻碱、蓖麻变应原的去除率分别为65.52%、50.97%

2. 物理法

物理法的脱毒工艺是通过加热、加压（或不加压）、水洗等过程，将蓖麻饼（粕）中的毒素转移到水溶液中去，然后通过分离、洗涤等过程将饼（粕）洗净，见表2-2。

表2-2　蓖麻饼（粕）物理脱毒法

方　法	操 作 步 骤	脱毒效果
沸水洗涤法	将蓖麻饼（粕）用100℃沸水洗2次	蓖麻碱、蓖麻变应原的去除率分别为79.31%、68.71%
蒸汽处理法	通入120～125℃蒸汽处理饼（粕）45分钟	蓖麻碱、蓖麻变应原的去除率分别为65.52%、96.87%
常压蒸煮法	饼（粕）加水拌湿，常压蒸1小时，沸水洗2次	蓖麻碱、蓖麻变应原的去除率分别为86.90%、93.87%
加压蒸煮法	饼（粕）加水拌湿，通入120～125℃蒸汽处理45分钟，80℃水洗2次	蓖麻碱、蓖麻变应原的去除率分别为82.76%、98.45%
热喷法	饼（粕）加水拌湿，在压力罐中经0.2兆帕蒸汽、120～125℃处理0.5小时，或1小时，或5小时，然后喷放	蓖麻碱的去除率分别为32.69%、88.78%、90.03%，蓖麻变应原去除率分别为48.31%、70.91%、73.06%

3. 微生物脱毒法

方法同菜籽饼（粕）的微生物脱毒法。

四、霉变饲料的脱毒处理

霉变饲料中含有有毒的霉菌毒素，如黄曲霉毒素、麦角毒素、玉米赤霉烯酮等。黄曲霉毒素致突变性最强，是一种毒性极强的肝毒素，对羊造成严重危害。同时，黄曲霉毒素还可以转移到羊产品中，在羊内脏、羊肉、羊奶中都有残留，通过食物链，对人体健康也会造成极大的危害。霉变饲料必须经过脱毒处理后才能使用，脱毒方法见表2-3。

表2-3　霉变饲料的脱毒方法

方　法	操 作 步 骤
挑选法	挑选出局部或少量霉烂变质的部分，剩余的作为饲料利用
水洗脱毒法	将轻度发霉的饲料粉（如果是饼状饲料，应先粉碎）放在缸里，加入清水（最好是沸水），水要淹没发霉饲料，泡开饲料后用木棒搅拌，每搅拌1次需换水1次，如此反复清洗5～6次，便可用来喂羊。或将发霉饲料放在锅里，加水煮30分钟或蒸1天后，去掉水分再用作饲料

方　法	操 作 步 骤
碳酸钠溶液浸泡法	用5%碳酸钠溶液浸泡2~4小时后，进行干燥处理再利用
化学脱毒法	采用次氯酸、次氯酸钠、过氧化氢、氨、氢氧化钠等化学制剂，对已发生霉变的饲料进行处理，可去除掉大部分黄曲霉毒素
药物脱毒法	将发霉饲料粉用0.1%高锰酸钾溶液浸泡10分钟后，用清水冲洗2次，或在发霉饲料粉中加入1%硫酸亚铁粉末，充分拌匀，在95~100℃条件下蒸煮30分钟即可
维生素C脱毒法	维生素C可阻断黄曲霉毒素的氧化作用，从而阻止其氧化为有活性的毒性物质。在饲料中添加一定量的维生素C，再加上适量的氨基酸，是防止羊黄曲霉毒素中毒的有效方法
吸附脱毒法	使用霉菌毒素吸附剂可有效去除霉变饲料中的毒素。它是通过霉菌毒素吸附剂在羊体内发挥吸附毒素的功效，以达到脱毒的目的，是常用、简便、安全、有效的脱毒方法。选用既具有广谱吸附能力又不吸附营养成分，且对羊无负面影响的吸附剂

【注意】

凡经脱毒处理的饲料，不宜再久贮，应在短时间内尽快投喂。

第二节　精饲料的加工调制

谷实类饲料有较硬的种皮、颖壳、非淀粉多糖，豆类饼（粕）中含有抗营养因子，都阻碍了饲料中养分的消化利用，因此，需采取

适当的加工调制措施，以提高对现有精饲料资源的利用。

一、机械加工

1. 粉碎

粉碎是谷实类饲料使用最多的一种加工调制方法。谷实类及大颗粒的饼类等在饲用前都应经过粉碎。粉碎后的饲料表面积增大，进入瘤胃后能够与消化液充分接触，使饲料充分浸润，尤其对小而硬的谷实类，可提高羊对饲料的利用率。饲料粉碎的程度根据饲料的性质、羊的种类、羊的年龄、饲喂方式、加工费用等因素来确定。

【注意】

养羊生产中饲料粉碎粒度不能太细，粉碎过细的饲料，羊来不及咀嚼即吞咽，容易引起消化障碍，特别是小麦粉类含非淀粉较多的饲料，极易糊口，并在消化道中形成不利消化的黏面团状物，羊饲料粉碎粒度应在 2 毫米左右。此外，饲料粉碎后，脂肪含量高的玉米、燕麦等不易长期保存，一次粉碎不宜过多。

2. 压扁

将玉米、大麦、高粱等去皮并加水，经 120℃左右的蒸汽软化，压为片状后干燥冷却而成。此加工过程可改变精饲料中营养物质的结构，如使淀粉糊化、纤维素软化，可有效提高饲料消化率。

3. 制粒

将饲料粉碎后，经蒸汽加压处理、颗粒机压制成大小、粒度和硬度不同的颗粒。育肥羔羊尤为喜食。制粒可增加羊采食量，减少浪费，提高饲料密度，减少灰尘，并且破坏部分有毒有害物质。

4. 浸泡与湿润

浸泡多用于坚硬的谷实类或油饼的软化，或用来溶去饲料原料中的有毒有害物质。豆类、油饼类、谷实类等经水浸泡后，因吸收水分而膨胀，所含有毒物质和异味均会减少，适口性提高，也容易咀嚼，有利于羊的消化。浸泡时的用水量随浸泡饲料的目的不同而异，若以泡软为目的，通常料水比为1:（1~1.5），即以手握饲料指缝浸出水滴为准；若以溶去有毒物质为目的，料水比为1:2左右，饲喂前应滤去未被饲料吸收的水分。浸泡时间长短也应随环境温度及饲料种类不同而变化。湿润一般多用于粉尘较多的饲料，用湿拌料喂羔羊等效果较好。

5. 蒸煮与焙炒

蒸煮或高压蒸煮可进一步提高饲料的适口性。对某些有毒、有害成分及豆类籽实，采用蒸煮处理可破坏其有毒成分。例如大豆有豆腥味，适口性不好，经适当热处理，可破坏其中抗胰蛋白酶，提高蛋白质的消化率、适口性和营养价值。对蛋白质含量高的饲料，加热时间不宜过长，一般130℃时不超过20分钟，否则会因温度过高、时间过长引起蛋白质变性、消化性降低、维生素被破坏等不良反应。禾本科籽实蒸煮后反而会降低消化率。

焙炒的加工原理与蒸煮基本相似。对谷实类饲料等，经130~150℃短时间的高温焙炒，可使部分淀粉转化为糊精而产生香味，适口性提高。焙炒时通过高温破坏了某些有毒物质和部分细菌的活性，但也破坏了某些蛋白质和维生素。

6. 膨化

目前饲料膨化技术或热喷技术在饲料加工调制中应用比较广泛。将搅拌、剪切和调制等加工环节结合在一起，形成完整的工序，恰当地选择并控制膨化条件，可获得较高营养价值的产品。

当前主要用干化法膨化谷物和全脂大豆，用湿化法膨化颗粒饲料。

膨化饲料的优点主要有：使淀粉颗粒膨胀并糊精化，提高了饲料的消化率；热处理使蛋白酶抑制因子和其他抗营养因子失活；膨化过程中的摩擦作用使细胞壁破碎并释放出油，增加了食糜的表面积，提高了消化率；破坏了饲料中的粗纤维。

7. 辐射处理

利用辐射技术可消除饲料中的有害微生物，改善饲料品质，扩大饲料资源。辐射技术适用于消灭动物性饲料中的病原菌和霉菌。在辐

射处理饲料时，采用能杀灭沙门菌和大肠杆菌等病原菌的剂量即可，且饲料为粉状时效果最好。

8. 微波热处理

微波热处理是近年发展起来的一项饲料加工调制技术。将谷实类经过长 4~6 微米的红外线辐射（干热处理），使谷实类中的淀粉颗粒膨胀，易被酶分解，提高了消化率。经此法处理，玉米、大麦的消化能分别能提高 4.5% 和 6.5%；大豆经 90 秒处理，可使蛋氨酸、胱氨酸的分解酶失活，从而提高蛋白质的利用率。微波处理后的饲料，可提高羊的生长速度和饲料转化率。

二、生物调制

1. 发芽

发芽是指通过酶的作用，将淀粉转化为麦芽糖，并产生胡萝卜素及其他维生素的过程。对于种羊、泌乳羊来说，在冬、春季节缺乏青绿饲料的情况下，为了使日粮具有青绿饲料的特性，可适当使用发芽饲料。常用的是大麦发芽饲料，发芽后部分蛋白质分解为氨化物，而糖类、胡萝卜素、B 族维生素与各种酶增加，纤维素也增加，无氮浸出物减少。

大麦发芽饲料的制作：先将大麦用清水浸泡 1~2 天，然后撒在能滤水的容器内（最好是平底），厚度不超过 5 厘米，置于 20~25℃ 的较暗环境中，每天用水冲洗 1~2 次，经过 3~5 天开始发芽，当长到 3 厘米左右时即可饲喂，此为短芽。当继续长到 6 厘米左右时，麦芽变成绿色，此为长芽。发芽饲料主要是用于提供维生素。

2. 糖化

将富含淀粉的谷实类饲料粉碎后，经饲料本身或麦芽中淀粉酶的作用将饲料中一部分淀粉转变为麦芽糖。蛋白质含量高的豆类籽实和饼类等则不易糖化。谷实类糖化后糖的含量可提高 8%~12%，同时产生少量的乳酸，具有酸、香、甜的味道，显著改善适口性，提高了消化率。饲料糖化可促进羊的食欲，提高其采食量，使羊体内脂肪增加。

糖化饲料的制作方法：经粉碎的谷实类与 80～85℃ 的水以 1∶（2～2.5）的比例分次装入容器，充分搅拌成糊状，再在表面撒一层厚 5 厘米左右的干料，盖上容器盖，保持温度为 60～65℃，经 2～4 小时即可完成。可加入料重 2% 的麦芽曲（大麦经 3～4 天发芽脱水干制后粉碎而成），以增加糖化酶，加速糖化过程。糖化饲料存放时间不宜超过 10～14 小时，否则易发生酸败变质。

3. 发酵

发酵是目前使用较多的一种饲料加工方法，利用酵母菌等菌种的作用，增加饲料中 B 族维生素、各种酶及酸、醇等芳香性物质，从而提高饲料的适口性和营养价值。发酵的关键是满足酵母菌等菌种活动需要的环境条件，同时供给充足的富含碳水化合物的原料，以满足其活动需要。发酵饲料可以促进羊的生产性能和繁殖性能。

谷实类饲料的发酵方法：每 100 千克粉碎的谷实类饲料加酵母 0.5～1.0 千克，用 150～200 千克的温水（30～40℃）将酵母稀释，一面搅拌，一面倒入饲料，并搅拌均匀，以后每隔 30 分钟搅拌 1 次，经 6～9 小时发酵即可完成。发酵容器内饲料厚度应在 30 厘米左右，温度保持在 20～27℃，并且通气良好。

利用发酵，可提高一些植物性蛋白质饲料的利用率，如将大豆饼（粕）、棉籽饼（粕）、菜籽饼（粕）、血粉、小麦麸等按一定比例混合，加上酵母菌、纤维分解菌、白地霉等微生物菌种，在一定温度、湿度、时间条件下完成发酵。

第三节　粗饲料的加工调制

一、物理处理方法

物理处理方法比较简单，能提高饲料的适口性，增加羊的采食量，但不能提高粗饲料的营养价值和消化率。

（1）机械加工　粗饲料的机械加工方法见图 2-2。

图2-2　机械加工方法

（2）**热加工**　粗饲料的热加工方法见图2-3。

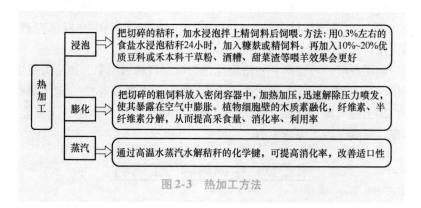

图2-3　热加工方法

二、化学处理方法

化学处理方法是指使用化学制剂作用于作物秸秆，使秸秆内部结构发生改变，如切断了秸秆细胞壁中的半纤维素与木质素之间的连接键，使木质素部分溶解，纤维素变得易消化；使秸秆细胞壁膨胀，增加了纤维之间的孔隙度，表面积和吸水能力增加，有利于消化酶的接触和消化；还可以减少秸秆细胞壁中酚、醛、酸类物质，有利于瘤胃微生物的分解，从而达到提高消化率和营养价值的目的。

用于秸秆处理的化学制剂很多，碱性制剂有氢氧化钠、氢氧化钙、氢氧化钾、氨、尿素等；酸性制剂有甲酸、乙酸、丙酸、丁酸、硫酸等；盐类制剂有碳酸氢铵、碳酸氢钠等；氧化还原剂有氯气、次氯酸盐、过氧化氢、二氧化硫等。在生产中被广泛应用的是碱化处理和氨化处理。

1. 碱化处理

碱化处理是通过氢氧根离子破坏木质素与半纤维素间的脂键，溶解半纤维素，使饲料软化，提高粗饲料消化率。碱化处理主要有氢氧化钠湿法、石灰乳干法和生石灰干法，处理流程图见图2-4。

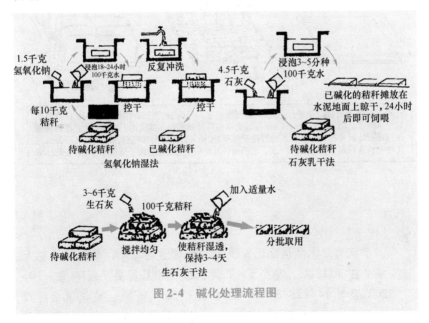

图2-4　碱化处理流程图

2. 氨化处理

在秸秆中加入一定比例的氨水、液氨、尿素等，促使木质素与纤维素、半纤维素分离，使纤维素及半纤维素部分分解，细胞膨胀，结构疏松，破坏木质素与纤维素之间的联系；氨与秸秆中的有机物质发生化学反应，形成氨盐（醋酸铵），可提供羊蛋白质需要量的25%～50%，是羊瘤胃微生物的氮素营养源；氨与秸秆中有机酸结合，消除了醋酸根，中和了秸秆中潜在的酸度，使瘤胃微生物更活跃。氨化处理可以提高秸秆的消化率（提高20%～30%）、营养价值（粗蛋白质含量提高1.5倍）和适口性，能够直接饲喂羊，是经济、简便、实用的秸秆处理方法之一。氨化处理方法主要有堆垛氨化法、窖贮氨化法等，应本着因地制宜、就地取材、经济实用的原则来选用。

（1）**堆垛氨化法**　堆垛氨化法示意图见图2-5。

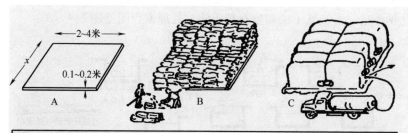

说明：A. 在地面砌一个平台，高10～15厘米、宽2～4米，长则按制作量而定；B. 把整捆秸秆用水喷洒，码垛高2～3米；C. 用厚的无毒塑料薄膜密封，四周用石块和沙土把塑料薄膜边与地面压紧密封，用带孔不锈钢锥管每隔2米插入，接上高压气管，通入氨气。为避免风把塑料薄膜刮开，每隔1～1.5米，用两端各栓5～10千克石块的绳子搭在草垛上，把垛压紧

图2-5　堆垛氨化法示意图

【提示】

氨水的化学反应比较缓慢，环境温度越低，氨贮时间越长。温度在30℃以上需要5～7天、20～30℃需要7～14天、10～20℃需要14～28天、0～10℃需要28～56天；使用尿素处理，一般需比用氨水延长5～7天，而且夏季应在荫蔽条件下进行，防止阳光暴晒直射，避免由于高温限制脲酶活性，不利于尿素的分解。

【注意】

　　在整个氨化过程中，应加强全程管理，防范人畜和冰雹雨雪的破坏。要注意密封，防止漏入雨水。氨化好的秸秆开垛时有强烈的氨味，放净余氨后氨化秸秆有糊香或酸香味。释放氨的方法是自然日晒和风吹。开垛放氨要选择晴天，气温越高越好。注意勿使氨化秸秆受到雨水浇淋。

　　（2）窖贮氨化法（图 2-6）　窖贮氨化法是我国目前推广应用较普遍的一种秸秆氨化方法。将秸秆切至长 2 厘米左右，粗硬的秸秆如玉米切得短一些，较柔软的可稍长一些。每 100 千克秸秆配用 5 千克尿素（或碳酸氢铵）、40 ~ 60 升水。把尿素（或碳酸氢铵）溶于水中，搅拌至完全溶化后，分数次喷洒在秸秆上拌匀，入窖前后喷洒均可。若在入窖前将秸秆摊开喷洒则会更均匀。边入窖边踩实，装满后用塑料薄膜覆盖密封，再用细土压好。氨化所需时间可参考堆垛氨化法。

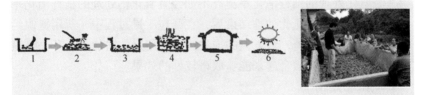

图 2-6　秸秆窖贮氨化法示意图和实景图
1—清扫氨化窖　2—将尿素或碳酸氢铵与秸秆搅拌均匀　3—入窖
4—稍微踩实　5—用塑料薄膜密封　6—晒干

【注意】

　　氨主要来源于液氨、氨水、尿素和碳酸氢铵。氨化饲料喂羊要预防氨中毒：一是根据当地气候条件，掌握好氨化成熟的时间；二是采用尿素氨化时，要使其完全溶解。掌握好散氨的时间，一般晴天在 10 小时以上，阴雨天在 24 小时以上。以饲料稍有氨味但不刺鼻和刺眼为度。晾晒的时间过长，会影响氨化效果；三是未断奶的羊羔，严禁饲喂氨化饲料。

氨化饲料品质感官鉴定见表 2-4。

表 2-4　氨化饲料品质感官鉴定

等　级	颜　色	气　味	质　地
优良	褐黄色	糊香	松散柔软
良好	黄褐色	糊香	较柔软
一般	黄白色或褐黑色	无糊香或微臭	轻度黏性
劣质	灰白色或褐黑色	刺鼻臭味	黏结成块

3. 酸碱处理

把切碎的秸秆放在桶或水泥池内，用 3% 氢氧化钠溶液浸透，转入水泥窖或壕内压实，过 12 ~ 24 小时取出，仍放回木桶或水泥池；再用 3% 的盐酸溶液浸泡，随后堆放在滤架上，滤去溶液即可饲喂。经此法处理的秸秆的干物质消化率可由 40% 提高到 60% ~ 70%，秸秆利用率可由 30% 提高到 90% 以上。

4. 氨-碱复合处理

经氨化处理的秸秆消化率提高不如经氢氧化钠处理的秸秆消化率提高明显，而且在氨化处理结束后，在开包干燥过程中，所用氮源约有 2/3 会挥发损失掉，且氨氮的损失比例随用量的增加而上升。将氨化处理和碱化处理联合起来能够取得较好的效果。

5. 酸化处理

酸化处理是用甲酸、乙酸、丙酸、丁酸、稀盐酸、稀硫酸及稀磷酸等处理秸秆。利用 1% 稀硫酸和 1% 稀盐酸喷洒秸秆，消化率可提高到 65%；用氯化氢蒸汽处理稻草和麦秸，保持浸润 5 小时，然后风干，室温 30℃ 保持 70 天，消化率可以提高 1 倍；用稀磷酸处理秸秆，可有效提高秸秆的含磷量，满足羊对磷的需要。酸化处理秸秆的原理与碱化处理基本相同，但处理效果不如碱化处理。

6. 氧化剂处理

氧化剂处理主要是指用二氧化硫、臭氧及碱性过氧化氢（AHP）处理秸秆的方法。氧化剂能破坏木质素分子间的共价键，溶解部分半纤维素和木质素，使纤维基质中产生较大间隙，从而增加纤维素酶和细胞壁成分的接触面积，提高饲料的消化率。

三、生物学处理方法

常用的生物学处理方法就是将农作物秸秆经机械加工后加入微生物制剂，将其贮存在一定设施内发酵处理，即秸秆微贮。具体方法为：使用高效活性微生物复合菌剂，经溶解复活后，加入食盐水，喷洒到作物秸秆上压实，在厌氧条件下繁殖发酵。在微贮过程中，由于秸秆内发酵活菌的厌氧发酵作用，大量木质素、纤维素被降解为糖类，糖类又经有机酸发酵菌转化为乳酸和挥发性脂肪酸，使 pH 降至 4.5~5.0，抑制丁酸菌、腐败菌等有害微生物的繁殖，软化秸秆，改善味道。

【提示】

生物学处理后的秸秆消化率高（木质素、纤维素大幅度降解，并转化为乳酸和挥发性脂肪酸，通过酶和其他生物活性物质的作用，提高了羊瘤胃微生物区系的纤维素酶和脂肪酶活性）、适口性好（粗硬秸秆变软，并具有酸香味，刺激了羊的食欲）、秸秆利用率高、制作时间长（在我国北方地区除冬季外，春、夏、秋三季都可制作，南方大部分地区全年都可制作）、保存期长（不易发霉腐败，随需随取随喂，不需晾晒）、无毒无害，制作简便。

生物学处理方法有窖内微贮法（又分为土窖微贮法、塑料袋窖内微贮法）、压捆塑料薄膜微贮法等。

生物学处理方法的工艺流程见图2-7。

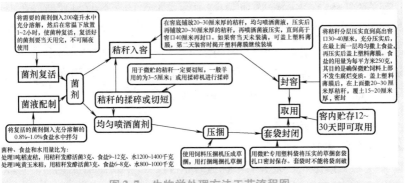

图 2-7　生物学处理方法工艺流程图

【注意】

　　窖内微贮法窖口要用塑料薄膜覆盖或将塑料袋口扎紧,覆土密封;取料时要从一角开始,从上到下逐段取用,每次取出量应以当天能喂完为宜,并且每次取用后必须立即将口封严。微贮饲料由于在制作时加入了食盐,这部分食盐在饲喂羊时应从日粮中扣除。

微贮饲料的质量鉴定见表2-5。

表2-5　微贮饲料的质量鉴定

等　级	特　征
优质料	色泽金黄,有醇香、果酸香味,松散、柔软、湿润
劣质料	呈褐色,有腐臭或发霉味,发黏或结块或干燥粗硬。不能用于饲喂

第四节　青贮饲料的加工调制

一、青贮的原理

　　利用微生物的乳酸发酵作用,达到长期保存青绿多汁饲料营养特性的目的。其实质是将新鲜植物紧实地堆积在不透气的容器中,通过乳酸菌等微生物的厌氧发酵,使原料中所含的糖类转化成有机酸(主要是乳酸),当酸度降到pH为3.8~4.0时,会抑制其他微生物的活动,防止原料中的养分被微生物分解破坏,从而将原料中养分很好地保存下来。乳酸发酵过程中产生了大量热,当青贮原料温度达到50℃时,乳酸菌停止活动,发酵结束。青贮饲料是在密闭和微生物活动停止的条件下贮存的,因此可以长期保存而不变质。

二、青贮饲料的制作方法

1. 青贮条件

(1) 青贮原料　制作青贮饲料的原料较多,凡是可作为饲料的青绿植物都可作为青贮原料。根据原料含糖量的高低,将青贮原料分为三类:

第一类是含糖量较高易于青贮的原料，如玉米秸、禾本科牧草、甘薯藤等。这类原料中含有较丰富的糖类，在青贮时不需添加其他含糖量高的物质。第二类是含糖量较低，但饲料营养价值较高，不易青贮的原料，如紫花苜蓿、草木樨、沙打旺、三叶草，以及饲用大豆等豆科植物。这类原料多为优质饲料，应与第一类含糖量高的原料如玉米秸混合青贮，或添加制糖副产物如鲜甜菜渣、糖蜜等；第三类是含糖量低、营养含量不高、适口性差，必须添加含糖量高的原料，才能调制出中等质量青贮饲料的原料，如南瓜藤和西瓜藤等。不同原料含糖量见表2-6。

表2-6　不同青贮原料中干物质的含糖量

易于青贮的原料			不易青贮的原料		
饲料	青贮后pH	含糖量（%）	饲料	青贮后pH	含糖量（%）
玉米植株	3.5	26.8	紫花苜蓿	6.0	3.72
高粱植株	4.2	20.6	草木樨	6.6	4.5
菊芋植株	4.1	19.1	箭舌豌豆	5.8	3.62
向日葵植株	3.9	10.9	马铃薯藤	5.4	8.53
胡萝卜茎叶	4.2	16.8	黄瓜藤	5.5	6.76
饲用甘蓝	3.9	24.9	西瓜藤	6.5	7.38
芜菁	3.8	15.3	南瓜藤	7.8	7.03

【注意】

　　原料的含水量在60%~67%最好，若含水量超过70%，可添加干料来调节。

（2）**青贮设备**　青贮设备主要有青贮塔、青贮窖及塑料薄膜，见图2-8。

【注意】

　　挖建青贮窖要选择土质坚硬、干燥向阳、地下水位较低、距羊舍较近的平坦地段；以不透气、不漏水，密封性好。塑料薄膜青贮要选用0.8~1.0毫米厚的，白色、外白内黑、棕色或蓝色的无毒塑料薄膜等。

图 2-8　常见的青贮设备

2. 常规青贮饲料的制作

（1）适时刈割　青贮原料收割要掌握好时机，这样不但含水量、含糖量适当，而且可以从单位面积上获得最高的干物质产量和最高的营养利用率，从而增加羊的采食量，提高羊的生产性能。不同青贮原料的适宜刈割时期见表 2-7。牧草的田间刈割见彩图 19。

表 2-7　常用青贮原料的适宜刈割时期

青贮原料种类	适宜的刈割时期
全株玉米（带果穗）	蜡熟期至黄熟期，如遇霜害也可在乳熟期刈割
收果穗后的玉米秸	玉米果穗成熟，有一半以上的叶片为绿色时，立即刈割玉米秸青贮，或玉米成熟时削尖后青贮，但削尖时果穗上都应保留一片叶

（续）

青贮原料种类	适宜的刈割时期
高粱	蜡熟期刈割
豆科牧草及野草	开花期刈割
禾本科牧草及野草	抽穗初期
甘薯藤	霜前或收薯前 1 ～ 2 天
水生饲料	霜前捞收，凋萎 2 天，以减少水分含量

（2）**调节水分含量** 水是微生物正常生活的重要条件，水分含量低时会严重影响微生物活性，并且难以压实，造成细菌大量繁殖，饲料出现霉烂；水分含量过高会使饲料结块，营养大量流失。青贮饲料合适的含水量为 65% ～ 75%。豆科牧草为 60% ～ 70%。水分含量可以使用饲料水分测定仪测量，但在生产中主要是靠经验来判断。

【小技巧】

　　抓一把切碎的青贮原料紧握在手中，用力挤 30 秒，然后将手自然松开，若青贮原料仍保持球状，手有湿印，其水分含量为 68% ～ 75%；若草球慢慢膨胀，手上无湿印，其水分含量为 60% ～ 67%，适于豆科牧草的青贮；若手松开后，草球立即膨胀，其水分含量为 60% 以下，只适于幼嫩牧草的低水分青贮。

（3）**切碎** 在装填前要用切碎机或铡刀切碎青贮原料（图 2-9），一般禾本科和豆科牧草及叶菜类切至 2 ～ 3 厘米长；甘薯藤铡成 5 ～ 10 厘米长。切碎的植物组织能渗出大量汁液，有利于乳酸菌生长，加速青贮过程。小型切草机每小时可切 250 ～ 800 千克；大型青贮料切碎机每小时可切 5 ～ 6 吨，最高可切 8 ～ 12 吨（彩图 20）。若条件具备，使用青贮玉米联合收获机，在田间通过机器一次完成刈割、切碎作业，然后送回装入青贮窖内，效率大大提高（彩图 21、彩图 22）。

（4）**装填和压实**（彩图 23） 青贮原料最好随收随运，随运随切，随切随装池，切不可在池外晾晒或堆放过久。把切碎的原料逐层装入池内，每装 20 厘米厚可用人踩、石夯、拖拉机压等方法将饲料压实，应特别注意将池壁四周压实。装填的原料高出池口 30~40 厘米，使其呈中间高四周低状（圆形池为馒头状、长方形池呈弧形屋脊状），圆形池或小型池应在 1 天内装完、封闭。若 2 天内不能填满时，要采用逐层压实的方法，以减少青贮原料与空气的接触的时间，见图 2-10。

图 2-9　切碎饲料

图 2-10　装填和压实

（5）密封　青贮池装满后，应尽最大可能排除空气，用 2~3 层塑料薄膜将饲料完全盖严，地下式青贮窖在塑料薄膜上压一层 20~30 厘米厚的湿土，拍实打光，地上式窖和半地上式窖在塑料薄膜上压一层草帘。封顶做成馒头形，有利于排水。窖的四周要挖排水沟，见图 2-11。

图 2-11　青贮窖的密封

（6）**检查防护** 封土后的几天内，经常检查池顶，若饲料下沉使得覆土出现裂缝，要及时覆盖新土填补。为防止雨水渗入，多雨地区宜在窖上搭棚防雨，见图2-12。

图2-12 封严的窖顶（左图）和防雨棚（右图）

【注意】

　　一旦启封，应连续使用直到用完以防霉变，切忌取取停停。取用时应每天按羊的实际采食量取出，切勿全部打开或掏洞使用。青贮饲料取出后不宜放置过久，以防变质。

3. 特殊青贮饲料的制作

（1）**低水分青贮** 低水分青贮又叫半干青贮，利用控制水分的方法，造成对微生物的生理干燥，使其处于抑制状态，从而使养分保存下来。制作流程及特点见图2-13。

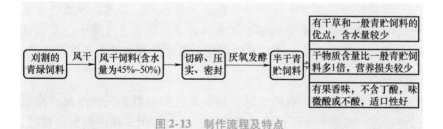

图2-13 制作流程及特点

（2）**添加剂青贮** 在青贮饲料中加入各种饲料添加剂可提高青贮成功率及其营养价值。常用的添加剂有三类：第一类为促进发酵物

质，如乳酸菌制剂、酶制剂、可溶性糖等；第二类为提高青贮饲料营养物质含量的物质，如尿素等非蛋白氮，可提高青贮饲料的蛋白质含量；第三类为防腐剂，如甲酸、盐酸及盐类，可以防止腐败菌等微生物生长。

（3）**草捆青贮**　草捆青贮是将用捆草机打捆的青刈牧草，码垛堆放、压实，用塑料薄膜密封，或将草捆直接放入塑料袋中密封制作青贮饲料的方法（图2-14）。用裹膜机薄膜包裹青草青贮的过程见彩图24。

图2-14　草捆青贮

【注意】

　　草捆青贮不需要青贮窖，制作时选择地势较高、平坦的地方，铺一层破旧的塑料薄膜，再将一块完整的、稍大于青贮堆积面积的塑料薄膜铺好，然后将草捆紧实地堆码于塑料薄膜上，将垛顶与四周用一块完整的塑料薄膜盖严，四周与堆底铺的塑料薄膜重叠，用泥土压住重叠的部分，防止空气进入。塑料薄膜的外面再用草帘等对塑料薄膜无损伤的物品覆盖，用以保护、防冻等。

（4）**混合青贮**　有些青绿饲料由于含糖量低，或含水量过高或过低，在一般条件下不适合单独青贮，这时可用多种原料混合青贮，以保证青贮成功并提高青贮饲料的品质。豆科牧草、马铃薯藤等含糖量低的原料可搭配青贮玉米、禾本科牧草等含糖量高的原料；块根、块茎、瓜类、蔬菜副产品等含水量高的原料可搭配谷糠、草粉等含水量低的原料；质地坚硬的原料可与质地较软的原料混合青贮。

三、青贮饲料的品质鉴定

（1）感官鉴定　青贮饲料的感官鉴定见表2-8。

表2-8　青贮饲料的感官鉴定

等级	颜色	气味	质地、结构
优等	青绿色或黄绿色，有光泽，近似原料颜色	近似香水味、酒酸味。给人以舒服的感觉，酸味浓	湿润、紧密、叶脉明显，结构完整
中等	黄褐色或暗褐色	有刺鼻醋酸味、香味淡，酸味中等	茎、叶、花保持原状，柔软，水分稍多
低等	黑色、褐色或暗墨绿色	有特殊刺鼻腐臭味或霉味，酸味淡	腐烂、呈污泥状，黏滑或结块，无结构

（2）pH　用酸度计测定或用精密石蕊试纸测定。品质优良的青贮饲料的pH为3.8~4.2，指示剂颜色为红色至红紫色；品质中等的pH为4.6~5.2，指示剂颜色为紫色至暗紫色；品质低劣的pH为5.4~6.0，指示剂颜色为蓝绿色至绿色。

【测定方法】

　　从被测定的青贮饲料中，取出具有代表性的样品，切碎，在烧杯中装入半杯，加入蒸馏水或凉开水，浸没青贮饲料，然后用玻璃棒不断搅拌，使水和青贮饲料混合均匀，放置15~20分钟后，将水浸物用滤纸过滤。吸取滤得的浸出液滴加到比色试纸卡上，判断近似的pH，用以评定青贮饲料的品质。

（3）氨含量测定　青贮饲料中有游离氨存在，说明青贮饲料已有腐败发生。

【小知识】

　　氨含量的测定方法为：在粗试管中加2毫升盐酸、酒精、乙醚混合液（将密度为1.19克/毫升的盐酸、96%酒精、乙醚按 1:3:1 的比例混合），取中部有一铁丝的软木塞，铁丝的尖端弯成钩状，钩起一块青贮饲料放入试管中，青贮饲料块距离混合液 2 厘米，如有氨存在，则生成氯化氨，在青贮饲料周围出现白雾。

四、青贮饲料的取喂

饲料青贮 1 个月后，便可开窖取用，但应避开高温和高寒季节，以免二次发酵或冰冻。取用时窖口最好搭棚遮阴，以防日晒雨淋引起发霉变质。每次取出的数量要依饲喂量而定，随用随取，避免取出过多而变质。圆形青贮窖从上部开始，一层一层取料，沟形青贮窖从一端开口，垂直向下取料，不要掏洞取料，取料后应随即用草帘或塑料薄膜盖严饲料表面。

【注意】

不能饲喂劣质的青贮饲料，冰冻的青贮饲料应待冰融化后再喂；喂量应由少到多，使羊逐渐适应；每天根据喂量，用多少取多少，时间久青贮饲料会腐臭或霉烂；对于绵羊，每 100 千克体重日喂量为：泌乳母羊 4~5 千克，羔羊 0.4~0.6 千克；对于奶山羊，每 100 千克体重日喂量为：泌乳母羊 1.5~3.0 千克，青年母羊 1.0~1.5 千克，公羊 1.0~1.5 千克。

第五节　青干草的加工调制

青干草是指将青草或其他青绿饲料作物在未结籽实前刈割，经自然或人工干燥制成的饲料，由于它由青绿饲料调制而成，在干制后仍保留一定的青绿颜色（成品青干草的含水量一般在 15% 以下）。将青绿饲料调制成青干草，具有颜色青绿、叶量丰富、质地较柔软、气味芳香、适口性好的特点，并含有较多的蛋白质、维生素和矿物质，是保存青绿饲料营养成分的一种有效方法。常见的青干草及其制品见图 2-15。

图 2-15　青干草及其制品

【注意】

　　青干草调制的过程中，应尽可能缩短牧草的干燥时间，减少因生理生化作用造成的养分损失，减少因雨淋、露水浸湿造成的霉烂。

一、牧草刈割

（1）**适时刈割的原则**　刈割时应兼顾牧草的质量、产量及牧草的再生长。适时刈割的原则见图 2-16。

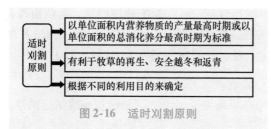

图 2-16　适时刈割原则

（2）**刈割适期**　制作青干草青绿饲料刈割的适期见表 2-9。

表 2-9　青绿饲料刈割的适期

种　　类		刈割适期	备　　注
禾本科牧草	羊草	开花期	花期一般在 6 月末至 7 月底
	老芒麦	抽穗期	
	无芒雀麦、披碱草	孕穗期至抽穗期	
	冰草、黑麦草、鸭茅	抽穗期至初花期	

（续）

种　类		刈 割 适 期	备　注
禾本科牧草	芦苇	孕穗前	
	针茅	抽穗期至开花	芒针形成以前
一年生禾本科牧草和谷类作物	扁穗雀草	孕穗期至抽穗前	
	青刈燕麦	乳熟期至蜡熟期	第一次刈割可适当提前
	青刈谷子	抽穗期至开花期	
	青刈大麦	孕穗期	
豆科牧草	红豆草	现蕾期至开花期	最后一次刈割在降霜前1个月
	三叶草、扁蓿豆	现蕾期至始花期	
	山野豌豆	开花期	复种时在霜冻来临时刈割
	毛苕子、普通野豌豆	盛花期至结荚初期	
	山鸚豆	初花期	
	青刈大豆（黑豆、黄豆）	开花期至结荚初期	
	豌豆	开花期至结荚期	

（3）**留茬高度**　多年生牧草留茬高度一般以 4～5 厘米为宜，低则伤及根茎，减损分枝；高则影响牧草产量，且所留残茬有碍新枝的生长和下次刈割。机械刈割时，一般留茬高度为 6～8 厘米。在寒冷地区，为安全越冬，一般留茬高度为 10 厘米以上。

二、青干草的调制方法

（1）**平铺和小堆结合晒草法**　平铺和小堆结合晒草法见图 2-17。

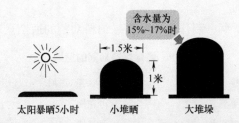

含水量为 15%~17%时

太阳暴晒5小时　　小堆晒　　大堆垛

暴晒4~5小时使草的含水量由85%左右降至40%，细胞呼吸作用迅速停止，减少营养损失。然后把青草堆成约1米高的小堆，每天翻动1次，使其逐渐风干，再堆大垛

图 2-17　平铺和小堆结合晒草法

（2）**压裂草茎干燥法**　此法适合于豆科牧草、茎秆较粗的禾本科牧草和杂草类青干草调制。方法见图2-18。

 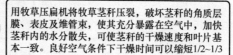

用牧草压扁机将牧草茎秆压裂，破坏茎秆的角质层膜、表皮及维管束，使其充分暴露在空气中，加快茎秆内的水分散失，可使茎秆的干燥速度和叶片基本一致。良好空气条件下干燥时间可以缩短1/2~1/3

图2-18　压裂草茎干燥法

【注意】

采用平铺和小堆结合晒草法、压裂草茎干燥法，遇雨时要进行覆盖，防止因受到雨水淋洗造成养分的大量损失。

（3）**草架干燥法**　草架干燥法适用于湿润地区或多雨季节的晒草。见图2-19。

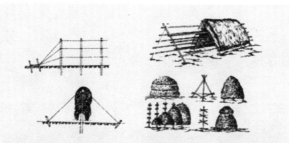

将草搭在草架上自然干燥。比在地面上自然干燥营养物质损失减少17%，消化率提高2%，色绿、味香，适口性好。但需要建设草架

图2-19　草架干燥法

（4）**常温通风干燥法**　常温通风干燥法是在修建的草库内，利用高速风力来干燥牧草。这种干燥方法可以改善水分较高牧草的干燥条件，不论是散青草或是青草捆，经堆垛后，通过草堆中设置的栅栏通风道，用鼓风机强制鼓入空气，最后达到干燥。

常温干燥适于在青草收获时期，大部分白天、早晨和晚间的相对

湿度低于75%和温度高于15℃的地方使用。在空气相对湿度高的地方，鼓风用的空气应当加温。用于鼓风干燥的设备简单，可采用一般风机或加热风机，草库的大小可根据干草的产量来设计。

（5）**高温快速干燥法**　高温快速干燥法见图2-20。

牧草经切碎(长2~3厘米)后经传送机送入烘干筒，进行短时(数分钟甚至数秒)烘烤，使含水量降至10%~12%，再由风运系统送至贮藏室内。也可将干燥后的干草粉，经轧粒机压制成干草饼

图2-20　高温快速干燥法

【提示】

　　高温快速干燥法生产的干草，对牧草养分保护率可达90%~95%，但设备昂贵，只适于工厂化草粉生产。

第三章
羊的饲养标准及饲料配方设计方法

第一节 羊的饲养标准

羊的饲养标准是根据羊的不同用途、不同生理时期、不同体重，通过试验和实际经验总结，科学地规定对一只羊每天应该给予的主要营养物质数量。

【提示】

采用饲养标准养羊，是一种科学的饲养方法，不但可以保证羊的健康，提高羊的各种生产性能，而且节省草、料，降低成本。制定和应用饲养标准（营养需要量）是养羊业商品化的标志之一，而且随着生产与科技水平进步，还在不断丰富和提高。

2022 年 3 月，农业农村部批准发布 NY/T 816—2021《肉羊营养需要量》标准，该标准于 2022 年 6 月起实施。这是我国肉羊产业第一个基于系统试验研究与生产实践制定的标准。该标准规定了肉用绵羊和肉用山羊对日粮干物质采食量、代谢能、粗蛋白质、维生素、矿物质元素等的每天需要量。该标准适用于以产肉为主、产毛、绒为辅而饲养的绵羊和山羊品种。

一、肉用绵羊营养需要量

肉用绵羊哺乳羔羊干物质、能量、蛋白质、钙和磷需要量见表 3-1，生长育肥公羊和母羊干物质、能量、蛋白质、中性洗涤纤维、钙和磷需要量见表 3-2 和表 3-3，妊娠和泌乳母羊干物质、能量、蛋白质、钙和磷需要量见表3-4和表3-5，种公羊干物质、能量、蛋白质、中性洗涤纤维、钙和磷需要量见表3-6；肉用绵羊矿物质和维生素需要量见表3-7。

表3-1　肉用绵羊哺乳羔羊干物质、能量、蛋白质、钙和磷需要量

体重（BW）/千克	日增重（ADG）/（克/天）	干物质采食量（DMI）/（千克/天）	代谢能（ME）/（兆焦/天）	净能（NE）/（兆焦/天）	粗蛋白质（CP）/（克/天）	代谢粗蛋白质（MP）/（克/天）	净蛋白质（NP）/（克/天）	钙（Ca）/（克/天）	磷（P）/（克/天）
6	100	0.16	2.0	0.8	33	26	20	1.5	0.8
	200	0.19	2.3	1.0	38	31	23	1.7	1.0
8	100	0.27	3.2	1.4	54	43	32	2.4	1.3
	200	0.32	3.8	1.6	64	51	38	2.9	1.6
	300	0.35	4.2	1.8	71	56	42	3.2	1.8
10	100	0.39	4.7	2.0	79	63	47	3.5	2.0
	200	0.46	5.5	2.3	92	74	55	4.2	2.3
	300	0.51	6.2	2.6	103	82	62	4.6	2.6
12	100	0.53	6.2	2.6	103	83	62	4.6	2.6
	200	0.63	7.3	3.1	121	97	73	5.5	3.0
	300	0.69	8.1	3.4	135	108	81	6.1	3.4
14	100	0.52	6.4	2.7	106	85	64	4.8	2.7
	200	0.61	7.5	3.2	127	102	76	5.6	3.1
	300	0.67	8.4	3.5	139	111	83	6.3	3.5
16	100	0.64	7.5	3.3	129	103	77	5.8	3.2
	200	0.75	9.0	3.8	151	121	91	6.8	3.8
	300	0.84	9.8	4.3	167	134	101	7.5	4.2
18	100	0.75	8.4	3.7	152	122	92	6.7	3.7
	200	0.88	10.2	4.1	176	141	106	7.9	4.4
	300	0.98	11.6	4.9	195	155	118	8.8	4.9

表3-2　肉用绵羊生长育肥公羊干物质、能量、蛋白质、
中性洗涤纤维、钙和磷需要量

体重 （BW）/ 千克	日增重 （ADG）/ （克/天）	干物质 采食量 （DMI）/ （千克/ 天）	代谢能 （ME）/ （兆焦/ 天）	净能 （NE）/ （兆焦/ 天）	粗蛋 白质 （CP）/ （克/天）	代谢粗 蛋白质 （MP）/ （克/天）	净蛋 白质 （NP）/ （克/天）	中性洗 涤纤维 （NDF）/ （千克/ 天）	钙 （Ca）/ （克/天）	磷 （P）/ （克/天）
20	100	0.71	5.6	3.3	99	43	29	0.21	6.4	3.6
	200	0.85	8.1	4.4	119	61	41	0.26	7.7	4.3
	300	0.95	10.5	5.5	133	79	53	0.29	8.6	4.8
	350	1.06	11.7	6.0	148	88	60	0.32	9.5	5.3
25	100	0.80	6.5	3.8	112	47	31	0.24	7.2	4.0
	200	0.94	9.2	5.0	132	65	44	0.28	8.5	4.7
	300	1.03	11.9	6.2	144	83	56	0.31	9.3	5.2
	350	1.17	13.3	6.9	157	92	62	0.35	10.5	5.9
30	100	1.02	7.4	4.3	143	51	34	0.31	9.2	5.1
	200	1.21	10.3	5.6	169	69	46	0.36	10.9	6.1
	300	1.29	13.3	7.0	181	87	59	0.39	11.6	6.5
	350	1.48	14.7	7.6	207	96	65	0.44	13.3	7.4
35	100	1.12	8.1	4.9	157	55	37	0.34	10.1	5.6
	200	1.31	10.9	6.1	183	73	49	0.39	11.8	6.6
	300	1.38	13.7	7.4	193	90	61	0.41	12.4	6.9
	350	1.50	15.1	8.1	224	99	67	0.48	13.6	8.0
40	100	1.22	8.7	5.4	159	78	39	0.43	11.0	6.1
	200	1.41	11.3	6.6	183	97	54	0.49	12.7	7.1
	300	1.48	13.9	7.8	192	117	68	0.52	13.3	7.4
	350	1.62	15.2	8.5	224	136	73	0.60	14.5	8.6
45	100	1.33	9.4	5.8	173	83	41	0.47	12.0	6.7
	200	1.51	12.1	7.1	196	103	56	0.53	13.6	7.6
	300	1.57	14.9	8.4	204	122	70	0.55	14.1	7.9
	350	1.70	16.3	9.0	221	141	77	0.65	15.4	9.3

（续）

体重 （BW）/ 千克	日增重 （ADG）/ （克/天）	干物质 采食量 （DMI）/ （千克/ 天）	代谢能 （ME）/ （兆焦/ 天）	净能 （NE）/ （兆焦/ 天）	粗蛋 白质 （CP）/ （克/天）	代谢粗 蛋白质 （MP）/ （克/天）	净蛋 白质 （NP）/ （克/天）	中性洗 涤纤维 （NDF）/ （千克/ 天）	钙 （Ca）/ （克/天）	磷 （P）/ （克/天）
50	100	1.43	10.0	6.3	186	88	44	0.50	12.9	7.2
	200	1.61	12.9	7.6	209	107	58	0.56	14.5	8.1
	300	1.66	15.8	8.8	216	131	72	0.58	14.9	8.3
	350	1.76	17.3	9.6	230	146	80	0.69	16.0	9.9
55	100	1.53	10.9	6.8	199	95	47	0.54	13.8	7.7
	200	1.72	13.9	8.1	225	110	62	0.68	15.4	8.7
	300	1.80	17.0	9.3	233	131	75	0.73	16.2	9.0
	350	1.95	18.5	10.0	255	150	84	0.85	17.7	10.1
60	100	1.63	11.8	7.5	212	101	50	0.57	14.7	8.2
	200	1.82	15.0	8.9	238	110	65	0.72	16.5	9.3
	300	1.91	18.2	10.3	248	139	78	0.77	17.2	10.0
	350	2.05	19.8	11.0	265	155	88	0.91	18.6	11.2

表3-3　肉用绵羊生长育肥母羊干物质、能量、蛋白质、
中性洗涤纤维、钙和磷需要量

体重 （BW）/ 千克	日增重 （ADG）/ （克/天）	干物质 采食量 （DMI）/ （千克/ 天）	代谢能 （ME）/ （兆焦/ 天）	净能 （NE）/ （兆焦/ 天）	粗蛋 白质 （CP）/ （克/天）	代谢粗 蛋白质 （MP）/ （克/天）	净蛋 白质 （NP）/ （克/天）	中性洗 涤纤维 （NDF）/ （千克/ 天）	钙 （Ca）/ （克/天）	磷 （P）/ （克/天）
20	100	0.62	6.0	3.3	86	40	28	0.19	6.1	3.4
	200	0.74	8.7	4.5	104	57	40	0.22	7.3	4.0
	300	0.85	11.4	5.7	121	76	52	0.25	8.4	4.6
	350	0.92	12.7	6.3	129	84	58	0.28	9.1	5.0
25	100	0.70	6.9	3.8	97	44	30	0.21	6.9	3.8
	200	0.82	9.8	5.1	114	61	42	0.25	8.1	4.5
	300	0.93	12.7	6.4	131	80	54	0.27	9.2	5.1
	350	0.99	14.2	7.7	140	88	59	0.31	9.8	5.4

（续）

体重 （BW）/ 千克	日增重 （ADG）/ （克/天）	干物质 采食量 （DMI）/ （千克/ 天）	代谢能 （ME）/ （兆焦/ 天）	净能 （NE）/ （兆焦/ 天）	粗蛋 白质 （CP）/ （克/天）	代谢粗 蛋白质 （MP）/ （克/天）	净蛋 白质 （NP）/ （克/天）	中性洗 涤纤维 （NDF）/ （千克/ 天）	钙 （Ca）/ （克/天）	磷 （P）/ （克/天）
30	100	0.80	7.6	4.3	108	48	33	0.27	7.9	4.4
	200	0.92	10.8	5.7	126	65	44	0.32	9.1	5.0
	300	1.03	14.0	7.1	144	84	55	0.34	10.2	5.6
	350	1.09	15.5	7.8	152	92	61	0.39	10.8	5.9
35	100	0.91	8.5	5.1	120	52	35	0.29	9.0	5.0
	200	1.04	11.6	6.4	137	69	46	0.34	10.3	5.7
	300	1.17	14.7	7.8	155	87	57	0.36	11.6	6.4
	350	1.24	16.0	8.5	165	95	62	0.42	12.3	6.8
40	100	1.01	9.5	6.0	133	75	39	0.37	10.0	5.5
	200	1.13	12.5	7.4	150	93	50	0.43	11.2	6.2
	300	1.26	15.4	8.8	167	114	60	0.45	12.5	6.9
	350	1.34	16.9	9.4	176	122	65	0.52	13.3	7.3
45	100	1.12	10.5	6.5	145	80	41	0.40	11.1	6.1
	200	1.24	13.4	7.9	161	99	53	0.46	12.3	6.8
	300	1.35	16.3	9.3	178	119	65	0.56	13.4	7.4
	350	1.42	17.8	9.9	188	127	69	0.56	14.1	7.7
50	100	1.24	11.6	6.9	158	85	44	0.44	12.3	6.8
	200	1.36	14.5	8.4	174	103	56	0.49	13.5	7.4
	300	1.48	17.6	9.9	190	123	68	0.51	14.7	8.1
	350	1.55	19.0	10.6	197	131	73	0.60	15.3	8.4
55	100	1.35	12.5	7.4	173	92	48	0.47	13.4	7.4
	200	1.47	15.4	9.0	190	110	61	0.59	14.6	8.0
	300	1.59	18.4	10.5	206	129	73	0.64	15.7	8.7
	350	1.66	20.0	11.3	215	136	79	0.74	16.4	9.0
60	100	1.48	13.4	8.0	184	98	52	0.50	14.7	8.1
	200	1.61	16.5	9.5	200	116	64	0.62	15.9	8.8
	300	1.73	19.4	11.0	217	136	76	0.67	17.1	9.4
	350	1.80	20.9	11.8	228	144	81	0.79	17.8	9.8

表 3-4　肉用绵羊妊娠母羊干物质、能量、蛋白质、钙和磷需要量

妊娠阶段	体重(BW)/千克	干物质采食量(DMI)/(千克/天)			代谢能(ME)/(兆焦/天)			粗蛋白质(CP)/(克/天)			代谢粗蛋白质(MP)/(克/天)			钙(Ca)/(克/天)			磷(P)/(克/天)		
		单羔	双羔	三羔	单羔	双羔	三羔	单羔	双羔	三羔	单羔	双羔	三羔	单羔	双羔	三羔	单羔	双羔	三羔
前期	40	1.16	1.31	1.46	9.3	10.5	11.7	151	170	190	106	119	133	10.4	11.8	13.1	7.0	7.9	8.8
	50	1.31	1.51	1.65	10.5	12.1	13.2	170	196	215	119	137	150	11.8	13.6	14.9	7.9	9.1	9.9
	60	1.46	1.69	1.82	11.7	13.5	14.6	190	220	237	133	154	166	13.1	15.2	16.4	8.8	10.1	10.9
	70	1.61	1.84	2.00	12.9	14.7	16.0	209	239	260	147	167	182	14.5	16.5	18.0	9.7	11.0	12.0
	80	1.75	2.00	2.17	14.0	16.0	17.4	228	260	282	159	182	197	15.8	18.0	19.5	10.5	12.0	13.0
	90	1.91	2.18	2.37	15.3	17.4	19.0	248	283	308	174	198	216	17.2	19.6	21.3	11.5	13.1	14.2
后期	40	1.45	1.82	2.11	11.6	14.6	16.9	189	237	274	132	166	192	13.0	16.4	19.0	8.7	10.9	12.7
	50	1.63	2.06	2.36	13.0	16.5	18.9	212	268	307	148	187	215	14.7	18.5	21.2	9.8	12.4	14.2
	60	1.80	2.29	2.59	14.4	18.3	20.7	234	298	332	164	208	236	16.2	20.6	23.3	10.8	13.7	15.5
	70	1.98	2.49	2.83	15.8	19.9	22.6	257	324	368	180	227	258	17.8	22.4	25.5	11.9	14.9	17.0
	80	2.15	2.68	3.05	17.2	21.4	24.4	280	348	397	196	244	278	19.4	24.1	27.5	12.9	16.1	18.3
	90	2.34	2.92	3.32	18.7	23.4	26.6	304	380	432	213	266	302	21.1	26.3	29.9	14.0	17.5	19.9

注：妊娠第1~90天为前期，第91~150天为后期。

表 3-5　肉用绵羊泌乳母羊干物质、能量、蛋白质、钙和磷需要量

泌乳阶段	体重(BW)/千克	干物质采食量(DMI)/(千克/天)			代谢能(ME)/(兆焦/天)			粗蛋白质(CP)/(克/天)			代谢粗蛋白质(MP)/(克/天)			钙(Ca)/(克/天)			磷(P)/(克/天)		
		单羔	双羔	三羔	单羔	双羔	三羔	单羔	双羔	三羔	单羔	双羔	三羔	单羔	双羔	三羔	单羔	双羔	三羔
前期	40	1.36	1.75	2.04	10.9	14.0	16.4	177	228	265	124	159	186	12.3	15.8	18.4	8.2	10.5	12.3
	50	1.58	2.01	2.35	12.6	16.1	18.8	205	262	306	143	183	214	14.2	18.1	21.2	9.5	12.1	14.1
	60	1.77	2.25	2.61	14.2	18.0	20.9	230	293	340	161	205	238	15.9	20.3	23.5	10.6	13.5	15.7
	70	1.96	2.48	2.86	15.7	19.8	22.9	255	322	372	178	225	260	17.6	22.3	25.8	11.8	14.9	17.2
	80	2.13	2.69	3.11	17.1	21.5	24.8	277	349	404	194	245	283	19.2	24.2	28.0	12.8	16.1	18.7
中期	40	1.20	1.50	1.71	9.6	12.0	13.7	156	195	223	109	137	156	13.5	15.4		7.2	9.0	10.3
	50	1.40	1.72	1.97	11.2	13.8	15.7	182	224	256	127	157	179	12.6	15.5	17.7	8.4	10.3	11.8
	60	1.58	1.94	2.20	12.6	15.5	17.6	205	252	286	144	177	200	14.2	17.5	19.8	9.5	11.6	13.2
	70	1.75	2.14	2.42	14.0	17.1	19.4	228	278	315	159	195	220	15.8	19.3	21.8	10.5	12.8	14.5
	80	1.91	2.33	2.63	15.3	18.6	21.0	248	303	342	174	212	239	17.2	21.0	23.7	11.5	14.0	15.8

（续）

泌乳阶段	体重(BW)/千克	干物质采食量(DMI)/(千克/天)			代谢能(ME)/(兆焦/天)			粗蛋白质(CP)/(克/天)			代谢粗蛋白质(MP)/(克/天)			钙(Ca)/(克/天)			磷(P)/(克/天)		
		单羔	双羔	三羔	单羔	双羔	三羔	单羔	双羔	三羔	单羔	双羔	三羔	单羔	双羔	三羔	单羔	双羔	三羔
后期	40	1.09	1.38	1.62	8.7	11.0	13.0	142	179	211	99	126	148	9.8	12.4	14.6	6.5	8.3	9.7
	50	1.26	1.60	1.83	10.0	12.8	14.7	164	208	238	115	146	167	11.3	14.4	16.5	7.6	9.6	11.0
	60	1.43	1.80	2.06	11.4	14.4	16.5	186	234	268	130	164	187	12.9	16.2	18.5	8.6	10.8	12.4
	70	1.61	2.00	2.29	12.8	16.0	18.3	209	260	298	147	182	208	14.5	18.0	20.6	9.7	12.0	13.7
	80	1.76	2.19	2.50	14.1	17.5	20.0	229	285	325	160	199	228	15.8	19.7	22.5	10.6	13.1	15.0

注：哺乳第1~30天为前期，第31~60天为中期，第61~90天为后期。

表3-6 肉用绵羊种公羊干物质、能量、蛋白质、
中性洗涤纤维、钙和磷需要量

体重(BW)/千克	干物质采食量(DMI)/(千克/天)		代谢能(ME)/(兆焦/天)		粗蛋白质(CP)/(克/天)		代谢粗蛋白质(MP)/(克/天)		中性洗涤纤维(NDF)/(千克/天)		钙(Ca)/(克/天)		磷(P)/(克/天)	
	非配种期	配种期	非配种期	配种期	非配种期	配种期	非配种期	配种期	非配种期	配种期	非配种期	配种期	非配种期	配种期
75	1.48	1.64	11.9	13.0	207	246	145	172	0.52	0.57	13.3	14.8	8.9	9.8
100	1.77	1.95	14.2	15.6	248	293	174	205	0.63	0.69	15.9	17.6	10.6	11.7
125	2.09	2.30	16.7	18.4	293	345	205	242	0.73	0.81	18.8	20.7	12.5	13.8
150	2.40	2.64	19.2	21.1	336	396	235	277	0.84	0.92	21.6	23.8	14.4	15.8
175	2.71	2.95	21.7	23.6	379	443	266	310	0.94	1.03	24.4	26.6	16.3	17.7
200	2.98	3.27	23.8	26.2	417	491	292	343	1.04	1.14	26.8	29.4	17.9	19.6

表3-7 肉用绵羊矿物质和维生素需要量

矿物质和维生素需要量	生理阶段				
	6~18千克哺乳羔羊	20~60千克生长育肥羊	40~90千克妊娠母羊	40~80千克泌乳母羊	75~200千克种公羊
钠(Na)/(克/天)	0.1~0.4	0.4~1.5	0.7~1.6	0.8~1.2	0.7~1.9
钾(K)/(克/天)	0.8~3.6	4.0~10.1	6.3~11.5	7.0~12.5	7.0~14.1

（续）

矿物质和维生素需要量	生 理 阶 段				
	6~18千克哺乳羔羊	20~60千克生长育肥羊	40~90千克妊娠母羊	40~80千克泌乳母羊	75~200千克种公羊
氯（Cl）/（克/天）	0.2~0.5	0.5~1.6	0.6~1.8	0.8~1.4	0.8~1.5
硫（S）/（克/天）	0.3~0.9	2.1~4.3	2.6~4.2	2.5~4.6	2.8~5.0
镁（Mg）/（克/天）	0.3~0.8	0.6~2.3	1.0~2.5	1.4~3.5	1.8~3.7
铜（Cu）/（毫克/天）	0.9~3.0	6.0~33.0	9.0~35.0	9.0~36.0	12.0~38.0
铁（Fe）/（毫克/天）	10.0~29.0	30.0~88.0	38.0~88.0	44.0~97.0	45.0~120.0
锰（Mn）/（毫克/天）	4.0~12.0	22.0~53.0	30.0~58.0	16.0~69.0	18.0~75.0
锌（Zn）/（毫克/天）	5.0~20.0	33.0~81.0	36.0~88.0	40.0~93.0	55.0~100.0
碘（I）/（毫克/天）	0.1~0.4	0.3~1.7	0.9~1.8	1.0~1.9	1.0~2.0
钴（Co）/（毫克/天）	0.1~0.3	0.3~0.7	0.3~0.9	0.4~1.0	0.4~1.0
硒（Se）/（毫克/天）	0.1~0.3	0.4~0.9	0.5~1.0	0.5~1.0	0.6~1.5
维生素A/（国际单位/天）	2000~6000	6600~14500	6600~12000	6800~12500	6200~22500
维生素D/（国际单位/天）	50~1200	1200~2600	900~2000	1200~2400	1100~4500
维生素E/（国际单位/天）	30~60	60~160	90~210	120~210	160~270

二、肉用山羊营养需要量

　　肉用山羊哺乳羔羊干物质、能量、蛋白质、钙和磷需要量见表3-8，生长育肥羊干物质、能量、蛋白质、中性洗涤纤维、钙和磷需要量见表3-9，妊娠和泌乳母羊干物质、能量、蛋白质、钙和磷需要量见表3-10和表3-11，种公羊干物质、能量、蛋白质、中性洗涤纤维、钙和磷需要量见表3-12；肉用山羊矿物质和维生素需要量见表3-13。

表3-8 肉用山羊哺乳羔羊干物质、能量、蛋白质、钙和磷需要量

体重（BW）/千克	日增重（ADG）/（克/天）	干物质采食量（DMI）/（千克/天）	代谢能（ME）/（兆焦/天）	净能（NE）/（兆焦/天）	粗蛋白质（CP）/（克/天）	代谢粗蛋白质（MP）/（克/天）	净蛋白质（NP）/（克/天）	钙（Ca）/（克/天）	磷（P）/（克/天）
2	50	0.08	1.0	0.4	16	13	10	0.7	0.4
4	50	0.14	1.7	0.7	29	23	17	1.3	0.7
	100	0.16	1.9	0.8	32	26	19	1.4	0.8
6	50	0.17	2.1	0.9	35	28	21	1.6	0.9
	100	0.19	2.3	1.0	38	31	23	1.7	1.0
8	50	0.23	2.8	1.2	46	37	28	2.1	1.2
	100	0.25	2.9	1.2	49	39	29	2.2	1.2
	150	0.26	3.1	1.3	52	41	31	2.3	1.3
	200	0.27	3.3	1.4	55	44	33	2.5	1.4
10	50	0.35	4.2	1.8	70	56	42	3.2	1.8
	100	0.37	4.5	1.9	74	60	45	3.3	1.9
	150	0.39	4.7	2.0	79	63	47	3.5	2.0
	200	0.41	5.0	2.1	83	66	50	3.7	2.1
12	50	0.47	5.6	2.4	95	77	57	4.2	2.4
	100	0.50	6.0	2.6	100	81	59	4.5	2.5
	150	0.53	6.4	2.8	104	83	62	4.7	2.6
	200	0.55	6.7	2.9	111	89	66	5.0	2.8
14	50	0.59	6.9	3.1	119	95	72	5.3	3.0
	100	0.63	7.4	3.3	128	102	76	5.6	3.1
	150	0.66	7.9	3.4	132	106	79	5.9	3.3
	200	0.69	8.4	3.6	138	110	83	6.3	3.5

表3-9 肉用山羊生长育肥干物质、能量、蛋白质、中性洗涤纤维、钙和磷需要量

体重（BW）/千克	日增重（ADG）/（克/天）	干物质采食量（DMI）/（千克/天）	代谢能（ME）/（兆焦/天）	净能（NE）/（兆焦/天）	粗蛋白质（CP）/（克/天）	代谢粗蛋白质（MP）/（克/天）	净蛋白质（NP）/（克/天）	中性洗涤纤维（NDF）/（千克/天）	钙（Ca）/（克/天）	磷（P）/（克/天）
15	50	0.61	4.9	2.0	85	44	33	0.18	5.5	3.1
	100	0.75	6.0	2.5	105	55	41	0.23	6.8	3.8
	150	0.76	6.1	2.6	106	55	41	0.23	6.8	3.8
	200	0.76	6.1	2.6	106	55	41	0.23	6.8	3.8
	250	0.79	6.3	2.7	111	58	43	0.24	7.1	4.0

（续）

体重 （BW）/ 千克	日增重 （ADG）/ （克/天）	干物质 采食量 （DMI）/ （千克/ 天）	代谢能 （ME）/ （兆焦/ 天）	净能 （NE）/ （兆焦/ 天）	粗蛋 白质 （CP）/ （克/天）	代谢粗 蛋白质 （MP）/ （克/天）	净蛋 白质 （NP）/ 克/天）	中性洗 涤纤维 （NDF）/ （千克/ 天）	钙 （Ca）/ （克/天）	磷 （P）/ （克/天）
	50	0.72	5.8	2.4	101	52	39	0.22	6.5	3.6
	100	0.82	6.6	2.8	115	60	45	0.25	7.4	4.1
20	150	0.90	7.2	3.0	126	66	49	0.27	8.1	4.5
	200	0.92	7.4	3.1	129	67	50	0.28	8.3	4.6
	250	0.95	7.6	3.2	133	69	52	0.29	8.6	4.8
	50	0.83	6.6	2.8	116	60	45	0.25	7.5	4.2
	100	0.97	7.8	3.3	136	71	53	0.29	8.7	4.9
25	150	0.99	7.9	3.3	139	72	54	0.30	8.9	5.0
	200	1.01	8.1	3.4	141	74	55	0.30	9.1	5.1
	250	1.12	9.0	3.8	157	82	61	0.34	10.1	5.6
	50	0.93	7.4	3.3	130	68	51	0.28	8.4	4.7
	100	1.07	8.6	3.6	150	78	58	0.32	9.6	5.4
30	150	1.22	9.8	4.1	171	89	67	0.37	11.0	6.1
	200	1.28	10.2	4.3	179	93	70	0.38	11.5	6.4
	250	1.34	10.7	4.5	188	98	73	0.40	12.1	6.7
	50	1.02	8.2	3.4	143	74	56	0.31	9.2	5.1
	100	1.17	9.4	3.9	164	85	64	0.35	10.5	5.9
35	150	1.31	10.5	4.4	183	95	72	0.39	11.8	6.6
	200	1.37	11.0	4.6	192	100	75	0.41	12.3	6.9
	250	1.42	11.4	4.8	199	103	78	0.43	12.8	7.1
	50	1.19	9.5	4.0	155	80	60	0.42	10.7	6.0
	100	1.26	10.1	4.2	164	85	64	0.44	11.3	6.3
40	150	1.41	11.3	4.7	183	95	71	0.49	12.7	7.1
	200	1.55	12.4	5.2	202	105	79	0.54	14.0	7.8
	250	1.59	12.7	5.3	207	107	81	0.56	14.3	8.0
	50	1.29	10.3	4.3	168	87	65	0.45	11.6	6.5
	100	1.35	10.8	4.5	176	91	68	0.47	12.2	6.8
45	150	1.50	12.0	5.0	195	101	76	0.53	13.5	7.5
	200	1.64	13.1	5.5	213	111	83	0.57	14.8	8.2
	250	1.78	14.2	6.0	231	120	90	0.62	16.0	8.9
	50	1.38	11.0	4.6	179	93	70	0.48	12.4	6.9
	100	1.53	12.2	5.1	199	103	78	0.54	13.8	7.7
50	150	1.58	12.6	5.3	205	107	80	0.55	14.2	7.9
	200	1.73	13.8	5.8	225	117	88	0.61	15.6	8.7
	250	1.87	15.0	6.3	243	126	95	0.65	16.8	9.4

表 3-10　肉用山羊妊娠母羊干物质、能量、蛋白质、钙和磷需要量

妊娠阶段	体重(BW)/千克	干物质采食量(DMI)/(千克/天)			代谢能(ME)/(兆焦/天)			粗蛋白质(CP)/(克/天)			代谢粗蛋白质(MP)/(克/天)			钙(Ca)/(克/天)			磷(P)/(克/天)		
		单羔	双羔	三羔	单羔	双羔	三羔	单羔	双羔	三羔	单羔	双羔	三羔	单羔	双羔	三羔	单羔	双羔	三羔
前期	30	0.81	0.88	0.92	6.5	7.0	7.3	105	114	120	74	80	84	7.3	7.9	8.3	4.9	5.3	5.5
	40	0.99	1.07	1.12	8.0	8.6	9.0	129	139	146	90	97	102	8.9	9.6	10.1	5.9	6.4	6.7
	50	1.16	1.25	1.31	9.3	10.0	10.5	151	163	170	106	114	119	10.4	11.3	11.8	7.0	7.5	7.9
	60	1.33	1.43	1.48	10.6	11.4	11.9	173	186	192	121	130	135	12.0	12.9	13.3	8.0	8.6	8.9
	70	1.48	1.59	1.65	11.9	12.7	13.2	192	207	215	135	145	150	13.3	14.3	14.9	8.9	9.5	9.9
	80	1.63	1.75	1.82	13.1	14.0	14.6	212	228	237	148	159	166	14.7	15.8	16.4	9.8	10.5	10.9
后期	30	1.06	1.20	1.29	8.5	9.7	10.3	138	156	168	97	109	117	9.6	10.8	11.6	6.4	7.2	7.7
	40	1.29	1.45	1.56	10.3	11.6	12.5	167	189	203	117	132	142	11.6	13.1	14.0	7.7	8.7	9.4
	50	1.49	1.68	1.79	11.9	13.4	14.3	194	218	232	136	152	161	13.4	15.1	16.1	8.9	10.1	10.7
	60	1.68	1.90	2.01	13.4	15.2	16.2	218	247	262	153	173	183	15.1	17.1	18.1	10.1	11.4	12.1
	70	1.87	2.10	2.24	15.0	16.8	17.9	243	273	291	170	191	204	16.8	18.9	20.1	11.2	12.6	13.4
	80	2.04	2.32	2.45	16.4	18.5	19.6	265	302	319	186	211	223	18.4	20.9	22.1	12.2	13.9	14.7

注：妊娠第1~90天为前期，第91~150天为后期。

表 3-11　肉用山羊泌乳母羊干物质、能量、蛋白质、钙和磷需要量

泌乳阶段	体重(BW)/千克	干物质采食量(DMI)/(千克/天)			代谢能(ME)/(兆焦/天)			粗蛋白质(CP)/(克/天)			代谢粗蛋白质(MP)/(克/天)			钙(Ca)/(克/天)			磷(P)/(克/天)		
		单羔	双羔	三羔	单羔	双羔	三羔	单羔	双羔	三羔	单羔	双羔	三羔	单羔	双羔	三羔	单羔	双羔	三羔
前期	30	0.95	1.09	1.14	7.6	8.7	9.1	124	142	148	86	99	104	8.6	9.8	10.3	5.7	6.5	6.8
	40	1.17	1.32	1.39	9.4	10.6	11.1	152	172	181	106	120	126	10.5	11.9	12.5	7.0	7.9	8.3
	50	1.36	1.54	1.61	10.9	12.3	12.9	177	200	209	124	140	147	12.3	13.9	14.5	8.2	9.2	9.7
	60	1.55	1.75	1.83	12.4	14.0	14.6	202	228	238	141	159	167	14.0	15.8	16.5	9.3	10.5	11.0
	70	1.73	1.93	2.03	13.8	15.4	16.2	225	251	264	157	176	185	15.6	17.4	18.3	10.4	11.6	12.2
中期	30	0.92	1.17	1.32	7.4	9.4	10.6	120	152	172	84	106	120	8.3	10.6	11.9	5.5	7.0	7.9
	40	1.19	1.42	1.61	9.5	11.4	12.9	155	185	208	109	129	146	10.7	12.8	14.4	7.1	8.5	9.6
	50	1.39	1.65	1.85	11.1	13.2	14.8	181	215	241	126	150	168	12.5	14.9	16.7	8.3	9.9	11.1
	60	1.58	1.87	2.09	12.6	15.0	16.7	205	243	272	144	170	190	14.2	16.8	18.8	9.5	11.2	12.5
	70	1.76	2.08	2.31	14.1	16.6	18.5	229	270	300	160	189	210	15.8	18.7	20.8	10.6	12.5	13.9

（续）

泌乳阶段	体重(BW)/千克	干物质采食量(DMI)/(千克/天)			代谢能(ME)/(兆焦/天)			粗蛋白质(CP)/(克/天)			代谢粗蛋白质(MP)/(克/天)			钙(Ca)/(克/天)			磷(P)/(克/天)		
		单羊	双羊	三羔	单羊	双羔	三羔	单羊	双羔	三羔	单羊	双羔	三羔	单羊	双羔	三羔	单羊	双羔	三羔
后期	30	0.89	1.05	1.18	7.1	8.4	9.4	116	137	153	81	96	107	8.0	9.5	10.6	5.3	6.3	7.1
	40	1.08	1.27	1.42	8.7	10.1	11.4	140	165	185	98	116	129	9.7	11.4	12.8	6.5	7.6	8.5
	50	1.27	1.48	1.66	10.2	11.8	13.3	165	192	216	116	135	151	11.4	13.3	14.9	7.6	8.9	10.0
	60	1.44	1.67	1.87	11.5	13.4	14.9	187	217	243	131	152	170	13.0	15.0	16.8	8.6	10.0	11.2
	70	1.61	1.86	2.08	12.9	14.9	16.6	209	242	270	147	169	189	14.5	16.7	18.7	9.7	11.2	12.5

注：哺乳第1~30天为前期，第31~60天为中期，第61~90天为后期。

表3-12 肉用山羊种公羊干物质、能量、蛋白质、中性洗涤纤维、钙和磷需要量

体重(BW)/千克	干物质采食量(DMI)/(千克/天)		代谢能(ME)/(兆焦/天)		粗蛋白质(CP)/(克/天)		代谢粗蛋白质(MP)/(克/天)		中性洗涤纤维(NDF)/(千克/天)		钙(Ca)/(克/天)		磷(P)/(克/天)	
	非配种期	配种期	非配种期	配种期	非配种期	配种期	非配种期	配种期	非配种期	配种期	非配种期	配种期	非配种期	配种期
50	1.14	1.26	9.1	10.0	160	189	112	132	0.40	0.44	10.3	11.3	6.8	7.6
75	1.55	1.70	12.4	13.6	217	255	152	179	0.54	0.60	14.0	15.3	9.3	10.2
100	1.92	2.11	15.4	16.9	269	317	188	222	0.67	0.74	17.3	19.0	11.5	12.7
125	2.27	2.50	18.2	20.0	318	375	222	263	0.79	0.88	20.4	22.5	13.6	15.0
150	2.60	2.86	20.8	22.9	364	429	255	300	0.91	1.00	23.4	25.7	15.6	17.2

表3-13 肉用山羊矿物质和维生素需要量

矿物质和维生素需要量	生理阶段				
	2~14千克羔羊	15~50千克生长育肥羊	30~80千克妊娠母羊	30~70千克泌乳母羊	50~150千克种公羊
钠(Na)/(克/天)	0.3~0.5	0.6~1.6	0.7~1.8	1.0~1.9	1.0~1.8
钾(K)/(克/天)	1.0~3.5	3.5~10.0	4.5~10.5	7.0~11.0	8.0~12.0

（续）

矿物质和维生素需要量	生 理 阶 段				
	2~14 千克 羔羊	15~50 千克 生长育肥羊	30~80 千克 妊娠母羊	30~70 千克 泌乳母羊	50~150 千克 种公羊
氯（Cl）/（克/天）	0.2~0.4	0.4~1.2	0.8~1.5	0.8~1.5	0.9~1.6
硫（S）/（克/天）	0.6~1.3	1.0~4.2	3.0~4.5	3.5~5.8	3.5~5.2
镁（Mg）/（克/天）	0.3~0.8	0.6~2.3	1.0~2.5	1.5~3.5	1.8~3.7
铜（Cu）/（毫克/天）	0.9~3.0	6.0~34.0	9.0~36.0	9.0~38.0	12.0~38.0
铁（Fe）/（毫克/天）	0.2~18.0	19.0~70.0	30.0~88.0	40.0~100.0	50.0~110.0
锰（Mn）/（毫克/天）	0.6~13.0	10.0~33.0	11.0~57.0	14.0~58.0	14.4~67.0
锌（Zn）/（毫克/天）	0.4~15.0	12.0~56.0	14.0~78.0	35.0~81.0	36.4~90.0
碘（I）/（毫克/天）	0.1~0.4	0.3~1.6	0.9~1.8	1.0~1.9	1.0~2.0
钴（Co）/（毫克/天）	0.1~0.3	0.3~0.7	0.3~0.9	0.4~1.0	0.4~1.0
硒（Se）/（毫克/天）	0.1~0.3	0.4~0.9	0.5~1.0	0.5~1.0	0.6~1.5
维生素 A/（国际单位/天）	700~4600	5000~16500	5100~9000	5300~10600	5700~11300
维生素 D/（国际单位/天）	60~1200	1200~2700	1100~2800	1100~3000	1400~3500
维生素 E/（国际单位/天）	20~60	60~120	90~200	90~240	150~300

第二节　羊饲料的配方设计方法

一、羊饲料的种类及生产过程

羊饲料的种类及生产过程见图 3-1。

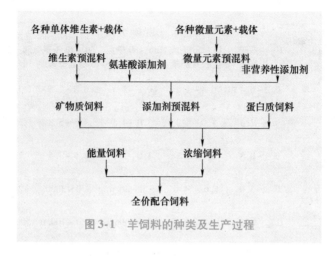

图 3-1　羊饲料的种类及生产过程

二、预混料配方设计方法

1. 预混料的作用和分类

　　预混料在日粮中具有重要作用，通过添加预混料，可以补偿和改进微量成分直接添加时表现不理想的状况，使微量成分在饲料中分布更加均匀，提高配合饲料的全价性；可以简化一般饲料厂和养殖户饲料加工的工序，降低生产成本，提高配合饲料的质量。预混料的分类见图 3-2。

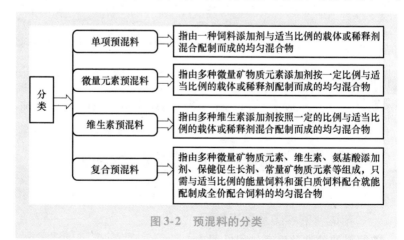

图 3-2　预混料的分类

【注意】

预混料不能单独饲喂羊。它是配合饲料的半成品，一般在配合饲料中占 0.5% ~ 5%，必须与其他饲料原料配合才能发挥其作用。由于预混料的各种活性成分浓度高及理化特性不同，容易发生化学反应和活性成分的损失，因而加工使用过程中应注意选择合适的载体和稀释剂，采取合适的加工储存条件，并及时使用，以保证其使用效果。

2. 预混料中活性成分需要量与添加量的确定原则

(1) 需要量与添加量的概念　预混料中的活性成分主要是指维生素、微量元素和药物成分等。

1）活性成分需要量。活性成分需要量主要是指羊对维生素、微量元素、氨基酸和药物成分的需要量，包含两层含义，即最低需要量和最适需要量。最低需要量是指在试验条件下，为预防羊产生某种维生素或微量元素缺乏症，对该维生素或微量元素规定的最低需要量。现行的饲养标准中推荐的维生素或微量矿物质元素需要量都是指最低需要量；最适需要量是指能取得最佳的生产效益和饲料转化率时的活性成分供给量。最适需要量一般高于最低需要量。

2）活性成分添加量。实际供给羊某种活性成分的量称为活性成分的总供给量。总供给量包括两部分，即基础饲料中活性成分的含量和通过预混料供给的部分活性成分，后者称为活性成分添加量。

(2) 影响活性成分添加量的主要因素

1）动物因素。不同种类的羊对维生素、微量元素的需要量不同，即使同种类的羊也因其生理状况、年龄、健康状况、饲养水平和生产目的的不同，对维生素、微量元素的需要量也不相同，同样活性成分添加量也不同。

2）活性成分。各种活性成分稳定性和生物学效价相差较大，有的活性成分在加工、贮藏、运输等过程很容易失去活性，有的则相对比较稳定，这就决定了添加量与需要量相差的程度不同。

3）饲养环境与饲养技术。现代养殖业正朝着高密度、集约化、封闭式饲养的方向发展，一方面使羊的生产潜力得到了充分发挥，降低了劳动力成本，减少了羊的维持需要，提高了饲料转化率和养羊业的经济效益；另一方面也给羊的生长、发育、生产带来了许多负面效应，羊产生了一系列的应激反应，减少了羊从自然界中获取维生素、微量元素的机会。

4）基础饲料。现代养羊业的基础饲料往往是由多种饲料原料配制而成的混合饲料，不同饲料原料中所含的维生素、微量元素量不同，有的饲料原料中还含有抗营养因子，这些都影响了预混料中活性成分的添加量。

5）活性成分的配伍禁忌。预混料是由一种或多种饲料添加剂混合在一起的混合物。在预混料中多种活性成分并存，它们之间存在着复杂的关系，如烟酸容易引起泛酸钙的损失，氯化胆碱对维生素 A、维生素 D 和泛酸钙等有破坏作用；微量元素间存在着复杂的协同和拮抗作用，这些都影响着活性成分在预混料中的添加量。

6）原料成本和产品规格。各种饲料添加剂的用量和成本不同，在预混料总成本中所占的比例不同。为了降低成本，获取最大的经济效益，不同活性成分的添加量也应有所区别。

3. 确定预混料中活性成分添加量的原则

总的原则是依据羊的饲养标准，考虑羊的生产特点，结合各种活性成分的理化特性，科学合理地确定预混料中活性成分添加量。

1）维生素添加量。维生素添加剂的稳定性相对较差，各种维生素的稳定性差别较大，影响其添加量的因素多而复杂，而羊对维生素的耐受量与需要量相差甚大，所以各预混料生产厂家确定的维生素添加量变化很大。同时，维生素在贮藏、运输过程中，活性很容易被破坏，因此目前主要以 NY/T 816—2021《肉羊营养需要量》推荐的最低需要量作为添加量，更多的是在最低需要量基础上增加一定量来设计。

2）微量元素添加量。原则上严格遵守羊的饲养标准，但允许根据基础饲料的情况、生产水平、应激因素等进行适当调整。在生产中，往往将基础饲料中的微量元素含量作为安全裕量处理，忽略基础饲料中的微量元素含量，而直接以羊的需要量作为添加量，一般不会超过安全限度。在确定微量元素添加量时，还要考虑某些微量元素的特殊作用，以及各微量元素间的相互关系。

3）药物成分添加量。在预混料中添加药物成分必须严格遵守国家有关药物添加剂的用量和使用方法的规定，同时要注意药物之间的配伍禁忌。

4. 预混料配方的设计

（1）原料与载体的选择

1）原料的选择。

① 维生素原料的选择：主要考虑原料的稳定性和生物学可利用性，并兼顾价格、气候、环境等的影响。经包被处理的维生素稳定性优于未经处理的维生素。

② 微量元素化合物的选择：应处理好微量元素的生物学利用率、稳定性和生产成本三者之间的关系。微量元素有机螯合物的生物学利用率和稳定性高于无机化合物，但成本远高于无机化合物，目前仍以使用无机化合物为主。

③ 药物饲料添加剂的选择：选用高效、低毒、低残留的药物饲料添加剂，严禁使用违禁药物及促生长类药物饲料添加剂（中药类除外）等。

2）载体的选择。

① 维生素预混合饲料载体的选择：载体种类很多，宜选择含水量少、容重与维生素原料接近、黏着性较好、酸碱度近中性、化学性质稳定的载体。以有机载体为好，常选用的有淀粉、乳糖、脱脂米糠和小麦麸、次粉等。

② 微量元素预混合饲料载体的选择：微量元素预混料的载体不能与微量元素活性成分发生化学反应，且化学性质稳定、不易变质、流动性好。适宜的载体有轻质碳酸钙（石粉）、白陶土粉、沸石粉、硅藻土粉等。我国主要以轻质碳酸钙作为载体。

③ 复合预混料载体的选择：复合预混料的载体应能对维生素、微量元素和药物等组分都有很好的承载能力，对用量少、容易在加工过程中丢失的微量组分也能很好地承载。

（2）预混料配方设计步骤

1）维生素预混料配方设计步骤。

① 确定维生素预混料在全价配合饲料中的添加比例。

② 确定单体维生素的种类及其在全价配合饲料中的添加量。

③ 根据所需的维生素饲料添加剂，明确添加产品规格。

④ 根据维生素在全价配合饲料中的添加量和在预混料中的添加比例，计算每千克预混料中维生素的用量。

⑤ 根据预混料中维生素的含量及添加剂产品规格，计算每千克维生素预混料中各种商品维生素添加剂的用量。

⑥ 选择载体并计算载体在维生素预混料中所占的比例。

⑦ 得出维生素预混料的配方。

2）微量元素预混料配方设计步骤。

① 确定预混料在全价饲料中的添加量。

② 根据设计对象、饲养标准等，确定实际添加微量元素的种类和添加量。

③ 选择适宜的微量元素添加剂的原料，明确原料价格。

④ 计算微量元素添加剂原料的实际用量；选择载体，并计算载体的用量。

⑤ 整理预混料的配方。

3）复合预混料配方设计。首先根据上述方法分别设计出维生素、微量元素预混料配方，生产出专用的相应预混料；然后根据维生素预混料、微量元素预混料及其他组分在全价配合饲料中添加量，以及复合预混料在全价配合饲料中的用量，计算出各组分在复合预混料中的比例，即得复合预混料的配方。

【提示】

预混料是全价配合饲料的核心部分，用预混料作为原料配制全价配合饲料时应注意：配制全价配合饲料时要严格按照推荐配方选择原料、按比例配制；使用时应与其他原料混合均匀，超过有效期的预混料不能使用；预混料一经开封要尽快使用完，不能在空气中久放；贮藏预混料时，要注意通风、阴凉、避光，严防潮湿、雨淋和暴晒；不宜加入饮水使用；尽量减少搬动，以防止出现分级现象。

三、精料补充料配方设计方法

不同生长阶段和生产性能的羊，对饲料要求明显不同，但任何情况下，应以粗饲料作为日粮主体，精饲料只作为必要的补充。由于反刍动物饲料变异大且食性习惯特殊，因此设计羊的配合饲料配方比较困难。

1. 不同羊精料补充料配方设计特点

（1）生长育肥羊精料补充料 生长育肥羊饲料配方设计的主要目的是通过控制营养水平，使羊在适宜时间达到适宜体重，为以后的配种、繁殖、泌乳打下良好基础。

配方设计时首先要清楚生长育肥羊的种类、年龄、体重，在规定时间内达到规定体重所要求的日增重；其次，认真研究饲料间的组合效应，确定精、粗饲料的比例，一般粗饲料应占日粮干物质的40%~60%；再次，调查粗饲料的来源、种类、质量和一般用量，估算出平均每天需提供生长育肥羊的主要营养成分的数量；最后，根据生长育肥羊的日采食量及饲养标准，确定达到规定日增重必须由精料补充料提供的营养成分的数量，拟定出生长育肥羊精料补充料的配方。

（2）泌乳母羊精料补充料 泌乳是饲养奶羊的主要目的。设计配方应根据泌乳量和乳品质要求，确定合理的精粗饲料的比例；在泌乳高峰期，适当增加饲料营养浓度，以提高泌乳量；泌乳高峰期后，在饲料相关法规允许下，可适当使用特殊生长促进剂，尽量延缓泌乳量的下降；若给泌乳母羊饲喂大量粗饲料，且粗蛋白质含量低时，精料补充料中粗蛋白质应达到或超过20%，不用或尽可能少用非蛋白氮；选择原料时尽量少用可能影响泌乳品质的饲料，如菜籽粕、糟渣类饲料原料等；缺乏优质粗饲料或精饲料喂量过高时，应添加小苏打、氧化镁等缓冲剂，或添加乙酸钠、双乙酸钠，以提

高乳脂率。

（3）**育肥肉羊精料补充料配方设计**　一般采用高能、高精饲料饲喂育肥肉羊。育肥肉羊精料补充料配方设计特点是：合理拟定精、粗饲料比例，一般育肥肉羊粗饲料占日粮的45%～55%，精料补充料设计以粗纤维含量不低于10%为宜；育肥肉羊精料补充料用量大，应尽可能选用可以维护瘤胃功能的饲料原料，如适当增加大麦、糠麸类饲料、糟渣类饲料和高纤维的饼粕类饲料原料的用量；在育肥后期应适当降低日粮的能量，适当限制日粮中的不饱和脂肪酸的含量，严格控制含叶黄素多的饲料的比例；可添加瘤胃缓冲剂、尿素等添加剂。

2. 羊精料补充料配方设计过程

（1）**设计步骤**

羊除采食大量粗饲料外，还需饲喂一定的精料补充料。设计配方的基本步骤是：

1）首先计算出羊每天采食的粗饲料量可为其提供各种营养物质的数量。

2）根据饲养标准计算出达到规定的生产性能还需补充的营养物质的数量，即必须由精料补充料提供的营养物质的量。

3）由羊每天采食的精料补充料的量，计算精料补充料中应含各种营养物质的含量。

4）根据配合精料补充料的营养物质的含量，拟定羊精料补充料配方。

（2）**配方设计举例**

【例1】　为体重35千克，预期日增重200克的肉用绵羊生长育肥公羊配制精料补充料配方。精料补充料可以选择玉米、小麦麸、棉籽饼、食盐、磷酸氢钙、石粉、尿素、添加剂为原料，粗饲料可选用玉米秸青贮、青干草。

1）查表3-2与饲料原料成分及营养价值表（NY/T 816—2021《肉羊营养需要量》），列出其营养需要量和饲料的营养价值，见表3-14和表3-15。

表3-14　生长育肥公羊营养需要量

干物质采食量/（千克/天）	代谢能/（兆焦/天）	粗蛋白质/（克/天）	钙/（克/天）	磷/（克/天）	食盐/（克/天）
1.31	10.9	183	11.8	6.6	5

表3-15　饲料的营养价值

饲料原料名称	干物质（%）	代谢能/（兆焦/千克）	粗蛋白质（%）	钙（%）	磷（%）
玉米秸青贮（CP>9%）	30.65	7.42	9.09	0.89	0.19
青干草（CP≤10%）	93.0	7.4	8.97		
玉米	88.8	13.04	8.53	0.07	0.23
小麦麸	92.5	10.83	17.9	0.24	1.04
棉籽饼	88	10.61	36.3	0.21	0.83
大豆饼	88	12.17	41.7	0.31	0.50
磷酸氢钙，2个结晶水				23.3	18
石粉				35.8	0.01
尿素	99.1		287.5		

2）确定粗饲料的干物质采食量及提供的其他营养量　一般羊的粗饲料干物质采食量为体重的2%~3%，如果按照2.5%计算，则35千克体重的肉用绵羊生长育肥公羊需要采食的粗饲料干物质量约为0.88千克，其中50%为玉米秸青贮，其余为青干草，计算出粗饲料提供的营养量，见表3-16。

表3-16　粗饲料提供的营养量

饲料原料名称	干物质/千克	代谢能/兆焦	粗蛋白质/克	钙/克	磷/克
玉米秸青贮	0.44	3.26	40	3.92	0.84
青干草	0.44	3.26	39.5	0	0
合计	0.88	6.52	79.5	3.92	0.84
与标准的差额	0.43	4.38	103.5	7.88	5.76

3）拟定各种精饲料用量并计算出营养量　见表3-17。

表3-17　各种精饲料的用量及营养量

饲料原料名称	干物质/千克	代谢能/兆焦	粗蛋白质/克	钙/克	磷/克
玉米	0.0399	0.52	3.4	0.03	0.09
小麦麸	0.23	2.49	41.17	0.55	2.39
棉籽饼	0.13	1.38	47.19	0.27	1.08
尿素	0.0041		11.79		
食盐	0.005				
合计	0.409	4.39	103.55	0.85	3.56
与标准的差额	-0.021	0.01	0.05	-7.03	-2.20

　　由上表可见，日粮中的代谢能和粗蛋白质含量已基本符合要求，不用调整（如果代谢能高或低，应相应减少或增加能量饲料，粗蛋白质也是如此）。钙和磷的水平都低于标准，先用含有钙和磷的饲料原料补足磷。表中磷缺2.20克，需要添加0.0122千克的磷酸氢钙（含2个结晶水），同时可以增加2.84克钙。钙仍缺4.19克，再添加0.0117千克石粉。最后干物质多出0.029千克，代谢能和粗蛋白质含量都稍高于标准，可以在小麦麸中减去。

　　4）定出肉用绵羊生长育肥公羊的日粮构成及精料补充料配方　肉用绵羊生长育肥公羊日粮构成为：玉米秸青贮1.44（0.44/30.65%）千克，青干草0.47（0.44/93%）千克，精料用量0.4711千克［玉米0.0449千克（0.0399/88.8%），小麦麸0.2455（0.2271/92.5%）千克，棉籽饼0.1477（0.13/88%）千克，尿素0.0041千克，食盐0.005千克，磷酸氢钙（含2个结晶水）0.0122千克，石粉0.0117千克，预混料另加］。

　　精料补充料配方（%）：玉米9.53%，小麦麸52.11%，棉籽饼31.36%，尿素0.87%，食盐1.06%，磷酸氢钙（含2个结晶水）2.59%，石粉2.48%，添加剂、预混料另加。

四、浓缩饲料配方设计方法

　　羊浓缩饲料根据选择蛋白质饲料的种类不同，可分为常规蛋白质浓缩饲料和尿素浓缩饲料。

1. 常规蛋白质浓缩饲料的配制方法

一般首先设计精料补充料配方，然后推算出浓缩饲料配方。

【例2】 给奶山羊设计浓缩饲料配方。

第一步：根据奶山羊饲养标准及饲料原料营养特点，设计出奶山羊的精料补充料配方，见表3-18。

表3-18 奶山羊的精料补充料配方

饲料原料名称	玉米	大豆粕	小麦麸	糖蜜	脂肪	食盐	碳酸钙	碳酸氢钙	预混料
比例（%）	57.0	23.0	10.0	5.0	2.0	0.5	1.0	1.0	0.5

第二步：确定浓缩饲料的配方。去掉精料补充料配方中玉米和小麦麸，剩余的其他饲料原料占33%（100%－57%－10%）。然后用其他饲料原料数量除以33%，即得33%用量的奶山羊浓缩饲料配方，见表3-19。

表3-19 奶山羊的浓缩饲料配方

饲料原料名称	大豆粕	糖蜜	脂肪	食盐	碳酸钙	碳酸氢钙	预混料
比例（%）	69.69	15.15	6.06	1.52	3.03	3.03	1.52

2. 以尿素补充蛋白的浓缩饲料配制方法

在浓缩饲料中，尿素可以代替成年羊饲料中一部分蛋白质，并能提高低蛋白质饲料中粗纤维的消化率，增加羊的体重和氮素沉积量，降低饲料成本，提高养羊业的经济效益。所以，配制羊浓缩饲料时，可用一定量的尿素或其他高效非蛋白氮饲料替代浓缩饲料中的常规蛋白质饲料，但使用时要严格按照羊对非蛋白氮的利用方法与原则进行。

【注意】

使用浓缩饲料时，必须严格按照产品说明中补充能量饲料的种类和比例，使用前各种原料必须混合均匀。贮藏浓缩饲料时，要注意通风、阴凉、避光，严防潮湿、雨淋和暴晒。超过保质期的浓缩饲料要慎用。

五、全价配合饲料配方设计方法

1. 全价配合饲料配制的原则

全价配合饲料配制的原则见图3-3。

正确评估饲料原料营养成分含量。饲料配方平衡与否，很大程度上取决于设计时所采用原料的营养成分。除要考虑其营养成分含量和营养价值，还要考虑原料的适口性、原料对畜产品风味及外观的影响、饲料的消化性及容重等

合理确定饲料配方的营养水平。设计饲料配方时的营养水平必须以饲养标准为基础，同时要根据羊的种类、生产性能、饲养技术水平与饲养设备、饲养环境、市场行情等及时调整，还要考虑外界环境与加工条件等对饲料原料中活性成分的影响

正确处理配合饲料配方设计值与配合饲料保证值的关系。配合饲料中的某一养分往往由多种原料共同提供，各种原料中养分含量与基真实值之间有差异，在饲料加工、贮存、运输等过程中会受到外界各种因素的影响而损失，设计值要大于保证值

养羊生产中饲料费用占成本的70%~80%。配合日粮时，充分利用饲料的替代饲料，选用营养丰富、价格低的饲料原料；选用多种原料，能起到饲料原料营养成分的互补作用，有利于配合饲料的营养平衡；考虑粪尿中对氮、磷、药物等对环境的不利影响

饲料安全关系到食品安全和羊群健康。配合饲料对动物自身必须是安全的，发霉、酸败、污染和未经处理的含毒素等的饲料原料不能使用；饲料添加剂的使用量和使用期限应符合安全要求

营养性原则

经济性原则

安全性原则

全价配合饲料配制的原则

图3-3　全价配合饲料配制的原则

2. 全价配合饲料配方设计的方法

全价配合日粮配制最重要的是设计日粮配方，有了配方，然后"照方抓药"。如果配方设计不合理，即使精心制作，也生产不出合格的饲料。配方设计的方法很多，主要有试差法、四角形法、线性规划法、计算机法等。

试差法就是根据经验和饲料营养含量，先大致确定一下各类饲料在日粮中所占的比例，然后通过计算看看与饲养标准还差多少再进行调整。这种方法简单易学，但计算量大，烦琐，不易筛选出最佳配方。具体步骤如下：

第一步：确定每只羊每天的营养需要量，根据羊群的平均体重、生理状况及外界环境等，计算出各种营养需要量。

第二步：确定各类粗饲料的饲喂量。根据当地粗饲料的来源、品质及价格。最大限度地选用粗饲料。一般粗饲料的干物质采食量占体重的2%~3%，其中青绿饲料和青贮饲料可按3千克折合1千克青干草和干秸秆计算。

第三步：计算由粗饲料和精饲料提供的养分。每天总营养需要量与粗饲料营养需要量的差就是精饲料提供的养分。

第四步：初步确定各种精饲料的用量，并计算其养分含量，然后将各种饲料中的养分含量相加，并与饲养标准对照比较。

第五步：确定日粮配方。在完成粗饲料和精饲料所提供的养分及数量计算后，将所有饲料提供的养分进行汇总，如果实际提供量与其需要量相差在5%以内，说明配合合理，如果超出此范围，应适当调整个别精饲料的用量，以便充分满足各种养分需要而又不会造成浪费。

【例3】 肉用生长育肥山羊，体重25千克，日增重50克，采用玉米秸青贮、花生秧、大豆秸秆、玉米皮、小麦麸、棉籽饼、磷酸氢钙、食盐、预混剂等原料配制全价日粮。

第一步：查表3-9，列出其营养需要量，见表3-20。

表3-20 肉用生长育肥山羊营养需要量

干物质采食量/（千克/天）	代谢能/（兆焦/天）	粗蛋白质/（克/天）	钙/（克/天）	磷/（克/天）	食盐/（克/天）
0.83	6.6	116	7.5	4.2	5

第二步：查饲料营养价值表，列出所用几种饲料原料的营养价值，见表3-21。

表3-21 饲料的营养价值

饲料原料名称	干物质（%）	代谢能/（兆焦/千克）	粗蛋白质（%）	钙（%）	磷（%）
玉米秸青贮（CP>9%）	30.65	7.42	9.09	0.89	0.19
花生秧（CP>10%）	91.5	7.45	10.1	0.94	0.14
大豆秸秆	90.7	6.96	6.94	1.09	0.13
玉米皮	91.83	8.16	8.07	2.22	0.07
小麦麸	92.5	10.83	17.9	0.24	1.04
棉籽饼	88	10.61	36.3	0.21	0.83
磷酸氢钙，2个结晶水				23.3	18

第三步：确定粗饲料的用量及营养量。设定该阶段肉用生长育肥山羊日粮中精、粗饲料干物质占体重的2%。则粗饲料干物质采食量为25千克×2%＝0.5千克，精饲料干物质采食量为0.83千克－0.5千克＝0.33千克。

假设粗饲料提供玉米秸青贮为0.2千克，花生秧为0.12千克，大豆秸秆为0.18千克。计算出粗饲料提供的营养量，与标准相比，确定需由精料补充的差额部分，见表3-22。

表3-22　日粮中粗饲料提供的营养量

饲料原料名称	干物质/千克	代谢能/兆焦	粗蛋白质/克	钙/克	磷/克
玉米秸青贮(CP>9%)	0.2	1.48	18.18	1.78	0.38
花生秧（CP>10%）	0.12	0.89	12.12	1.13	0.17
大豆秸秆	0.18	1.25	12.49	1.96	0.23
合计	0.5	3.62	42.79	4.87	0.78
差额（精饲料标准）	0.33	2.98	73.21	2.63	3.42

第四步：用试差法制定精饲料日粮配方。由以上饲料原料组成日粮的精饲料部分，按经验和饲料营养特性，将精饲料应补充的营养配成精料补充配方，再与饲养标准相对照，对过剩和不足的营养成分进行调整，最后达到符合饲养标准的要求（表3-23）。

表3-23　精料补充配方及营养量

饲料原料名称	干物质/千克	代谢能/兆焦	粗蛋白质/克	钙/克	磷/克
玉米皮	0.10	0.82	8.07	0.22	0.07
小麦麸	0.05	0.54	8.95	0.12	0.52
棉籽饼	0.16	1.70	58.08	0.34	1.33
食盐	0.005				
预混料	0.005				
合计	0.32	3.06	75.1	0.68	1.92
精饲料标准	0.33	2.98	73.21	2.63	3.42
差额	－0.01	0.08	1.89	－1.95	－1.5

第五步：调整矿物质含量。由表 3-23 可知，能量和蛋白质含量均满足需要，钙和磷稍有不足，添加磷酸氢钙（含 2 个结晶水）0.008 千克，满足磷需要，同时可增加 1.86 克的钙，钙也基本满足需要。干物质还缺少 0.002 千克，可以增加小麦麸补充。

第六步：列出配方。全面调整后的饲料配方见表 3-24。

表 3-24　肉用生长育肥羊的全价配合饲料配方

饲料原料名称	每天采食干物质/千克	饲料配方组成/千克	配方比例（%）
玉米秸青贮（CP＞9%）	0.2	0.65	48.33
花生秧（CP＞10%）	0.12	0.13	9.67
大豆秸秆	0.18	0.2	14.87
玉米皮	0.10	0.11	8.18
小麦麸	0.052	0.057	4.24
棉籽饼	0.16	0.18	13.38
食盐	0.005	0.005	0.37
磷酸氢钙，2 个结晶水	0.008	0.008	0.59
预混料	0.005	0.005	0.37
合计	0.83	1.345	100

第四章
羊的饲料配方实例

第一节　羊的预混料配方

一、0.5%复合预混料配方

0.5%复合预混料配方见表4-1和表4-2。

表4-1　0.5%复合预混料配方一

原　　料	规　　格	羔羊	肉羊	育肥羊	妊娠母羊	泌乳母羊	种公羊
维生素 A/克	50 万国际单位/克	5.2	1.52	4.4	5.2	4.4	5.6
维生素 D/克	50 万国际单位/克	1.4	0.68	1.2	1.4	1.2	1.2
维生素 E/克	50%	16.0	15.2	12.8	16.0	12.8	17.6
一水硫酸亚铁/克	Fe > 30.20%	52.9	26.5	26.36	52.98	59.6	52.98
五水硫酸铜/克	Cu > 25.00%	9.6	8	9.6	9.6	9.6	19.2
一水硫酸锰/克	Mn = 32.50%	36.92	30.9	30.76	36.92	48.09	36.92
一水硫酸锌/克	Zn > 35.00%	51.42	29.8	45.72	40	40	45.72
碘化钾/克	1.00%	26.0	11.2	26	26	26	20
亚硒酸钠/克	1.00%	5.6	5	5.4	5.6	5.4	5.6
氯化钴/克	98.0%	0.1		0.1	0.1	0.1	0.06
七水硫酸镁/克	10.0%						192
载体/克		794.86	871.20	837.66	806.20	792.81	603.12
合计/克		1000	1000	1000	1000	1000	1000

注：表中为每千克预混料中各种原料的用量。

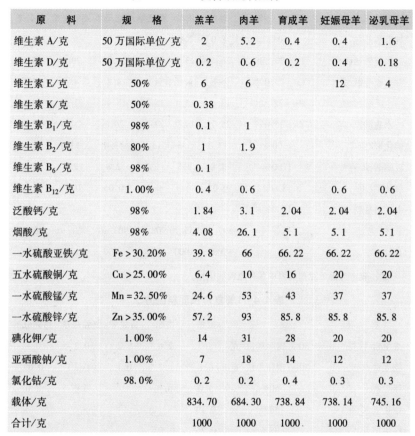

表 4-2 0.5% 复合预混料配方二

原　料	规　格	羔羊	肉羊	育成羊	妊娠母羊	泌乳母羊
维生素 A/克	50 万国际单位/克	2	5.2	0.4	0.4	1.6
维生素 D/克	50 万国际单位/克	0.2	0.6	0.2	0.4	0.18
维生素 E/克	50%	6	6		12	4
维生素 K/克	50%	0.38				
维生素 B_1/克	98%	0.1	1			
维生素 B_2/克	80%	1	1.9			
维生素 B_6/克	98%	0.1				
维生素 B_{12}/克	1.00%	0.4	0.6		0.6	0.6
泛酸钙/克	98%	1.84	3.1	2.04	2.04	2.04
烟酸/克	98%	4.08	26.1	5.1	5.1	5.1
一水硫酸亚铁/克	Fe > 30.20%	39.8	66	66.22	66.22	66.22
五水硫酸铜/克	Cu > 25.00%	6.4	10	16	20	20
一水硫酸锰/克	Mn = 32.50%	24.6	53	43	37	37
一水硫酸锌/克	Zn > 35.00%	57.2	93	85.8	85.8	85.8
碘化钾/克	1.00%	14	31	28	20	20
亚硒酸钠/克	1.00%	7	18	14	12	12
氯化钴/克	98.0%	0.2	0.2	0.4	0.3	0.3
载体/克		834.70	684.30	738.84	738.14	745.16
合计/克		1000	1000	1000	1000	1000

注：表中为每千克预混料中各种原料的用量；羔羊日粮中可以另外添加土霉素。

二、1% 复合预混料配方

1% 复合预混料配方见表 4-3 和表 4-4。

表 4-3 1% 复合预混料配方一

原　料	规　格	羔羊	肉羊	育肥羊	妊娠母羊	泌乳母羊	种公羊
维生素 A/克	50 万国际单位/克	2.6	0.76	2.2	2.6	2.2	2.8
维生素 D/克	50 万国际单位/克	0.7	0.34	0.6	0.7	0.6	0.6

（续）

原　料	规　格	羔羊	肉羊	育肥羊	妊娠母羊	泌乳母羊	种公羊
维生素 E/克	50%	8.0	7.6	6.4	8.0	6.4	8.8
一水硫酸亚铁/克	Fe > 30.20%	26.49	13.2	23.14	26.49	29.8	26.43
五水硫酸铜/克	Cu > 25.00%	4.8	4.0	4.8	4.8	4.8	9.6
一水硫酸锰/克	Mn = 32.50%	18.46	15.4	15.39	18.46	21.54	18.46
一水硫酸锌/克	Zn > 35.00%	25.71	14.9	22.86	20.0	20.0	22.86
碘化钾/克	1.00%	13.0	5.6	13.0	13.0	13.0	10.0
亚硒酸钠/克	1.00%	2.8	2.5	2.7	2.8	2.7	2.8
氯化钴/克	98.0%	0.05		0.05	0.05	0.05	0.03
七水硫酸镁/克	10.0%						96.0
载体/克		897.39	935.70	908.86	903.10	898.91	801.62
合计/克		1000	1000	1000	1000	1000	1000

注：表中为每千克预混料中各种原料的用量。

表 4-4　1%复合预混料配方二

原　料	规　格	羔羊	肉羊	育成羊	妊娠母羊	泌乳母羊
维生素 A/克	50 万国际单位/克	1.0	2.6	0.2	0.2	0.8
维生素 D/克	50 万国际单位/克	0.1	0.3	0.1	0.2	0.09
维生素 E/克	50%	3.0	3.0		6.0	2.0
维生素 K/克	50%	0.19				
维生素 B$_1$/克	98%	0.25	0.50			
维生素 B$_2$/克	80%	0.50	0.95			
维生素 B$_6$/克	98%	0.05				
维生素 B$_{12}$/克	1.00%	0.2	0.3		0.3	0.3
泛酸钙/克	98%	0.92	1.55	1.02	1.02	1.02
烟酸/克	98%	2.04	13.05	2.55	2.55	2.55
一水硫酸亚铁/克	Fe > 30.20%	19.90	33.00	33.11	33.11	33.11
五水硫酸铜/克	Cu > 25.00%	3.29	5.0	8.0	10.0	10.0
一水硫酸锰/克	Mn = 32.50%	12.3	26.5	21.5	18.5	18.5

(续)

原　　料	规　　格	羔羊	肉羊	育成羊	妊娠母羊	泌乳母羊
一水硫酸锌/克	Zn>35.00%	28.6	46.5	42.9	42.0	42.0
碘化钾/克	1.00%	7.0	15.5	14.0	10.0	10.0
亚硒酸钠/克	1.00%	3.5	9.0	7.0	6.0	6.0
氯化钴/克	98.0%	0.1	0.1	0.2	0.13	0.15
载体/克		917.06	842.15	869.42	869.99	873.48
合计/克		1000	1000	1000	1000	1000

　　注：表中为每千克预混料中各种原料的用量；羔羊日粮中可以另外添加土霉素。

三、4%复合预混料配方

4%复合预混料配方见表4-5。

表4-5　4%复合预混料配方

原　　料	规　　格	羔羊	肉羊	育肥羊	妊娠母羊	泌乳母羊	种公羊
维生素A/克	50万国际单位/克	0.65	0.19	0.55	0.65	0.55	0.7
维生素D/克	50万国际单位/克	0.17	0.09	0.15	0.17	0.15	0.15
维生素E/克	50%	2.0	1.9	1.6	2	1.6	2.2
一水硫酸亚铁/克	Fe>30.20%	6.62	3.3	5.80	6.62	7.45	6.62
五水硫酸铜/克	Cu>25.00%	1.2	1.0	1.2	1.2	1.2	2.4
一水硫酸锰/克	Mn=32.50%	4.62	3.85	3.85	4.62	5.39	4.62
一水硫酸锌/克	Zn>35.00%	6.43	3.73	5.72	5.00	5.00	5.72
碘化钾/克	1.00%	1.25	1.40	3.25	3.25	3.25	2.5
亚硒酸钠/克	1.00%	0.7	0.63	0.67	0.7	0.67	0.7
氯化钴/克	98.0%	0.01		0.10	0.01	0.01	0.01
七水硫酸镁	99%						24.00
石粉/克	Ca=35%	100	100	100	100	100	100
磷酸氢钙/克	Ca=24.01%；P=17.00%	295	295	295	295	295	295
食盐/克	98.0%	205	205	205	205	205	205

（续）

原　料	规　格	羔羊	肉羊	育肥羊	妊娠母羊	泌乳母羊	种公羊
载体/克		376.35	383.91	377.11	375.78	374.73	350.38
合计/克		1000	1000	1000	1000	1000	1000

第二节　羊的精料补充料配方

一、种公羊精料补充料配方

种公羊精料补充料配方见表4-6～表4-8。

表4-6　种公羊精料补充料配方一及营养水平

项　目		配方1	配方2	配方3	配方4	配方5	配方6	配方7	配方8
精料补充料配比（%）	玉米	50	50	52	50	55	50	50	25
	大豆粕	30	20	20	20	16	18	20	13.5
	菜籽粕		6	5		7			10
	小麦麸	16	15	15	16	5	10	12	25
	棉籽粕		5						
	向日葵仁粕					7			
	亚麻仁粕					6			
	花生粕			4	10（或花生饼）		6		
	啤酒糟						12	14	23（或米糠）
	磷酸氢钙	1	1	1	1	1	1	1	
	石粉	1	1	1	1	1	1	1	1.5
	食盐	1	1	1	1	1	1	1	1
	1%预混料	1	1	1	1	1	1	1	1
	合计	100	100	100	100	100	100	100	100

（续）

项　　目		配方1	配方2	配方3	配方4	配方5	配方6	配方7	配方8
营养水平	干物质（%）	86.84	86.95	86.91	87.44	86.99	87.02	86.90	87.17
	粗蛋白质（%）	19.76	19.75	19.32	20.13	19.80	19.44	18.48	18.58
	粗脂肪（%）	2.99	2.88	2.96	3.85	2.76	3.25	3.37	6.07
	粗纤维（%）	3.75	4.37	4.03	3.52	4.19	4.59	4.70	5.80
	钙（%）	0.71	0.73	0.72	0.68	0.75	0.72	0.72	0.68
	磷（%）	0.64	0.67	0.64	0.62	0.67	0.59	0.61	0.81
	食盐（%）	0.98	0.98	0.98	1.04	0.98	0.98	0.49	0.98
	消化能/（兆焦/千克）	13.13	13.00	13.09	13.39	12.95	13.38	12.30	11.35

表4-7　种公羊精料补充料配方二及营养水平

项　　目		配方9	配方10	配方11	配方12	配方13	配方14	配方15	配方16
精料补充料配比（%）	玉米	45	46	40	40	40	45	50	50
	大麦（裸）	15							
	高粱		10（燕麦）	10（燕麦）		15			
	碎米				12				
	大豆粕	30	30	25	25	25	20	20	25
	菜籽粕			5	6				
	小麦麸	6		6（玉米皮）				10	
	麦芽根							10	
	花生粕							6	
	棉籽粕								6
	向日葵仁粕					5			
	亚麻仁粕					5			
	米糠		10	10	8	6	14		15（米糠粕）

（续）

项　目		配方9	配方10	配方11	配方12	配方13	配方14	配方15	配方16
精料补充料配比（%）	啤酒糟						12		
	干啤酒酵母						5		
	玉米胚芽饼				5				
	磷酸氢钙	1	1	1	1	1	1	1	1
	石粉	1	1	1	1	1	1	1	1
	食盐	1	1	1	1	1	1	1	1
	预混料	1	1	1	1	1	1	1	1
	合计	100	100	100	100	100	100	100	100
营养水平	干物质（%）	86.89	87.53	87.71	87.27	87.14	87.25	87.17	86.90
	粗蛋白质（%）	20.01	19.35	19.19	19.86	19.72	19.84	20.22	19.39
	粗脂肪（%）	2.74	4.57	4.62	3.68	3.11	4.99	2.79	3.57
	粗纤维（%）	3.08	3.85	4.63	3.54	3.30	4.30	4.38	3.73
	钙（%）	0.71	0.72	0.75	0.73	0.74	0.72	0.79	0.71
	磷（%）	0.59	0.66	0.69	0.71	0.64	0.73	0.63	0.76
	食盐（%）	0.98	0.98	0.98	0.98	0.98	0.98	0.98	0.98
	消化能/（兆焦/千克）	12.25	11.99	11.72	12.23	11.74	13.22	12.46	12.90

表4-8　种公羊精料补充料配方三（质量分数,%）

饲料原料	配方17	配方18	配方19
玉米	50	50	45
大豆粕	23	25	25
米糠	8		
苜蓿草粉	5	12	12
棉籽粕	5		
菜籽粕	5		
小麦麸		10	8
花生粕			6
磷酸氢钙	1		1

（续）

饲料原料	配方 17	配方 18	配方 19
石粉	1	1	1
食盐	1	1	1
预混料	1	1	1
合计	100	100	100

二、母羊精料补充料配方

1. 泌乳母羊精料补充料配方

泌乳母羊精料补充料配方见表4-9～表4-11。

表4-9　泌乳母羊（哺乳前期）精料补充料配方及营养水平

	项目	配方1	配方2	配方3	配方4	配方5	配方6	配方7	配方8
精料补充料配比（%）	玉米	60	55	55	55	55	50	55	55.5
	大豆粕	12	11			15	9		12
	菜籽粕			15	10		10	9	
	小麦麸	8	15	12	11	11	12	8	
	棉籽粕	15	15	14	14			12	9
	玉米胚芽饼								10
	花生粕				6	6			
	干全酒糟					9	15	12	10
	磷酸氢钙	2	1	1	1	1	1	1	
	石粉	1	1.5	1.5	1.5	1.5	1.5	1.5	1.5
	食盐	1	0.5	1	1	1	1	1	1
	预混料	1	1	0.5	0.5	0.5	0.5	0.5	1
	合计	100	100	100	100	100	100	100	100
营养水平	干物质（%）	87.64	86.97	87.09	87.09	87.09	97.39	87.36	87.49
	粗蛋白质（%）	18.21	17.98	17.67	18.39	18.03	17.68	17.20	17.94
	粗脂肪（%）	3.87	2.88	2.76	3.08	4.26	4.63	4.15	4.60
	粗纤维（%）	2.78	4.29	5.13	4.81	3.64	4.57	4.72	3.72

（续）

项目		配方1	配方2	配方3	配方4	配方5	配方6	配方7	配方8
营养水平	钙（%）	0.87	0.86	0.92	0.90	0.87	0.91	0.90	0.86
	磷（%）	0.79	0.67	0.72	0.69	0.61	0.68	0.69	0.70
	食盐（%）	1.02	0.49	0.49	0.49	0.49	0.49	0.49	0.49
	消化能/（兆焦/千克）	13.34	13.02	12.88	12.64	13.01	13.21	13.15	13.50

注：舍饲母羊精料补充料饲喂量为0.4~1.0千克，哺乳高峰期应加大精饲料喂量；粗
饲料喂量为0.7~2.0千克。

表4-10　泌乳母羊（哺乳后期）精料补充料配方及营养水平

项目		配方1	配方2	配方3	配方4	配方5	配方6	配方7	配方8
精料补充料配比（%）	玉米	60	60	57	55	55	55	55	55
	大豆粕	8	8			9	8	5	9
	菜籽粕			12	14	9			9
	小麦麸	16	16	15	12	10	10	12	7
	棉籽粕	12		10	5	7			7
	玉米胚芽饼						6	8	6
	米糠饼					9			
	干全酒糟				15		15	15	12（啤酒糟）
	磷酸氢钙	1	1	1	1	1	1	1	1
	石粉	1.5	1.5	1.5	1.5	1.5	1.5	1.5	1.5
	食盐	1	1	1	1	1	1	1	1
	预混料	0.5	0.5	0.5	0.5	0.5	0.5	0.5	0.5
	合计	100	100	100	100	100	100	100	100
营养水平	干物质（%）	86.86	86.86	87.01	87.38	87.13	87.48	87.38	87.16
	粗蛋白质（%）	16.05	15.57	16.35	15.82	15.44	15.11	16.01	16.56
	粗脂肪（%）	3.02	3.10	2.90	4.66	3.90	5.35	4.72	3.69
	粗纤维（%）	4.00	4.21	4.90	4.58	3.99	3.75	4.33	4.66
	钙（%）	0.85	0.90	0.90	0.89	0.85	0.85	0.89	0.87

(续)

项　目		配方1	配方2	配方3	配方4	配方5	配方6	配方7	配方8
营养水平	磷（%）	0.64	0.65	0.70	0.68	0.77	0.69	0.66	0.64
	食盐（%）	0.49	0.49	0.40	0.49	0.49	0.40	0.49	0.49
	消化能/（兆焦/千克）	13.08	13.08	12.89	13.21	12.59	13.51	13.26	12.36

注：舍饲母羊精料补充料饲喂量逐渐减少为哺乳前期的70%；同时，增加青草和普通
　　干草的饲喂量。

表4-11　泌乳母羊精料补充料配方（质量分数,%）

饲料原料	配方1	配方2	配方3	配方4	配方5	配方6
玉米	23	46	65	60	32	59
高粱	36					
大豆粕	18		3	7	5	12
菜籽粕						
小麦麸		50	28	29		8
棉籽粕						16
苜蓿干草					57.5	
米糠	18					
糖蜜					3	
磷酸氢钙	1.5	0.5	0.5	0.5	0.5	3
石粉	1.5	1.5	1.5	1.5		
食盐	1	1	1	1	1	1
预混料	1	1	1	1	1	1
合计	100	100	100	100	100	100
说明	适用于体重60千克的单羔母羊，日喂精料补充料300克，可增加多汁饲料喂量	适用于体重60千克的哺乳最后8周的舍饲母羊		按照美国NRC营养需要配制	适用于舍饲种母羊，每天喂精料补充料0.3～0.7千克，妊娠前期和哺乳期应相应加大精料补充料喂量，喂粗饲料1.7～2千克

2. 妊娠母羊精料补充料配方

妊娠母羊精料补充料配方见表4-12～表4-14。

表4-12　妊娠母羊精料补充料配方一（质量分数,%）

饲料原料	空怀或妊娠前期				妊娠后期			
	配方1	配方2	配方3	配方4	配方1	配方2	配方3	配方4
玉米	57.5	60	58.5	55.3	55	60	60	50
高粱								
大豆粕	20	16	15	16	20	19	14	
菜籽粕							5	20
小麦麸	18	19.5	10	16	21	12	12	11.5
棉籽粕						5		
花生饼							5	
玉米胚芽饼								15
啤酒糟			12	8				
磷酸氢钙	1	1	1.5	1.2	1	0.5	0.5	
石粉	1.5	1.5	1	1.5	1.5	1.5	1.5	2
食盐	1	1	1	1	0.5	1	1	0.5
预混料	1	1	1	1	1	1	1	1
合计	100	100	100	100	100	100	100	100

表4-13　妊娠母羊精料补充料配方二（质量分数,%）

饲料原料	空怀或妊娠前期				妊娠后期			
	配方5	配方6	配方7	配方8	配方5	配方6	配方7	配方8
玉米	58	56	65	60.5	60	55	60	58
大豆粕	5				19			8
菜籽粕		8.5	8	5.5		12		
小麦麸	10		13.5	15	12			6.5
棉籽粕	13	12	10	10	5	14	12	16

（续）

饲料原料	空怀或妊娠前期				妊娠后期			
	配方5	配方6	配方7	配方8	配方5	配方6	配方7	配方8
花生饼				6			12	
米糠	10	20				15.5	12.5	8
磷酸氢钙	0.5		0.5		0.5		0.5	0.5
石粉	2	2	1.5	1.5	1.5	2	1.5	1.5
食盐	0.5	0.5	0.5	0.5	1	0.5	0.5	0.5
预混料	1	1	1	1	1	1	1	1
合计	100	100	100	100	100	100	100	100

表 4-14　妊娠母羊精料补充料配方三（质量分数,%）

饲料原料	空怀或妊娠前期				妊娠后期			
	配方9	配方10	配方11	配方12	配方9	配方10	配方11	配方12
玉米	50	25.2	21.5	35	26.5		55.4	55
燕麦	20	30	30	40	30	37		
稻谷	10	20		10		20		
亚麻仁饼	5	10	10		15	17	15	25
向日葵仁饼			10	5	10		16.1	
小麦麸			15		10			
菜籽粕	11.5	11.3		6.5	5	12.5		5
米糠						10	10	11.5
磷酸氢钙	0.5		0.5	1	0.5			
石粉	1.5	2	1.5	1	1.5	2	2	2
食盐	0.5	0.5	0.5	0.5	0.5	0.5	0.5	0.5
预混料	1	1	1	1	1	1	1	1
合计	100	100	100	100	100	100	100	100

三、羔羊精料补充料配方

羔羊精料补充料配方见表 4-15 ~ 表 4-17。

表 4-15　早期断奶羔羊精料补充料配方及营养水平

项　目		配方 1	配方 2	配方 3	配方 4	配方 5	配方 6	配方 7	配方 8
精料补充料配比（%）	玉米	75	55	61	14	34	54	52	58
	大豆粕	15	37	32	80（或大豆饼）	60	22	20	18
	花生粕						6		6
	小麦麸	7	5	4			14	16	9
	棉籽粕							4	
	菜籽粕							4	
	干啤酒酵母								4.5
	磷酸氢钙	0.5	0.5	0.5	1	1	1	1	1
	石粉	1	1	1	2.5	2.5	1	1	1.5
	食盐	0.5	0.5	0.5	1.5	1.5	1	1	1
	预混料	1	1	1	1	1	1	1	1
	合计	100	100	100	100	100	100	100	100
营养水平	干物质（%）	86.86	87.52	87.37	89.13	88.52	86.96	86.90	87.09
	粗蛋白质（%）	13.39	21.04	19.38	14.66	28.04	19.22	18.70	19.43
	粗脂肪（%）	2.64	4.32	4.21	5.14	4.70	2.99	2.96	2.90
	粗纤维（%）	2.52	3.10	2.94	4.06	3.42	3.60	4.15	3.15
	钙（%）	0.52	0.59	0.57	1.34	1.29	0.70	0.72	0.97
	磷（%）	0.42	0.46	0.45	0.60	0.56	0.60	0.66	0.61
	食盐（%）	0.52	0.53	0.52	1.51	1.50	0.98	0.98	0.98
	消化能/（兆焦/千克）	13.68	13.68	13.70	13.28	13.32	13.19	13.14	13.25

（续）

项　　目	配方1	配方2	配方3	配方4	配方5	配方6	配方7	配方8
说明		适用于早期断奶羔羊，粗饲料为优质牧草	适用于体重35~40千克断奶羔羊育肥，精料补充料喂量为550克/天，野干草为1200克/天	适用于体重40~45千克断奶羔羊，精料补充料喂量为670克/天，野干草为1200克/天	适用于体重35~40千克断奶羔羊育肥，精料补充料喂量为360克/天	适用于体重40~45千克断奶羔羊，精料补充料喂量为180克/天		

表 4-16　断奶羔羊精料补充料配方及营养水平

	项　　目	配方1	配方2	配方3	配方4	配方5	配方6	配方7	配方8
精料补充料配比（%）	玉米	40	40		65	81	45	81	56
	小麦								
	燕麦	26	36	66			40		
	大豆粕	10	10	10	2.5	15	11	15	15
	花生粕								
	小麦麸	20	10	20	15				11
	棉籽粕			1	7				
	酵母								15
	鱼粉								1
	菜籽粕				2				
	向日葵仁粕				5				
	磷酸氢钙	1	1			1	1	1	

（续）

项　　目		配方1	配方2	配方3	配方4	配方5	配方6	配方7	配方8
精料 补充 料配 比 （%）	石粉	1	1	1	1.5	1	1	1	
	食盐	1	1	1	1	1	1	1	1
	预混料	1	1	1	1	1	1	1	1
	合计	100	100	100	100	100	100	100	100
营养 水平	干物质（%）	88.63	89.28	91.63	86.81	86.31	89.56		88
	粗蛋白质（%）	14.06	13.66	15.25	14.17	13.45	13.11		20.60
	粗脂肪（%）	4.23	4.51	5.54	3.10	3.20	4.65		
	粗纤维（%）	5.58	5.68	8.95	4.19	2.06	5.37		
	钙（%）	0.69	0.70	0.74	0.60	0.65	0.69		0.30
	磷（%）	0.86	0.59	0.70	0.47	0.49	0.56		0.40
	食盐（%）	0.98	0.70	0.98	0.98	0.99	0.90		
	消化能/（兆焦/千克）	11.15	10.71	11.11	12.97	13.59	12.26		11.12 （代 谢能）

注：使用配方8时，20日龄到1月龄每只羔羊每天喂量为50~70克，1~2月龄为100~
　　150克，2~3月龄为200克，3~4月龄为250克，4~5月龄为350克，5~6月龄
　　为400~500克，粗饲料自由采食。

表4-17　羔羊育肥精料补充料配方及营养水平

项　　目		配方1	配方2	配方3	配方4	配方5	配方6	配方7	配方8
精料 补充 料配 比 （%）	玉米	65.5	64	66.5	60	55	60	54	43.3
	大豆粕	15	8	8	6	5			
	花生粕			3	6		6		10.3
	小麦麸	15	17.5	15	23.5	23.5	14	18	16.5
	棉籽粕			4			8	14	21.3 （或菜 籽粕）

第四章
羊的饲料配方实例　**127**

（续）

项目		配方1	配方2	配方3	配方4	配方5	配方6	配方7	配方8
精料补充料配比（%）	菜籽粕		2	3	4				
	向日葵仁粕				4				
	亚麻仁粕				4				
	干甜菜渣						8	10	
	饲料酵母								6.9
	磷酸氢钙	1	1	1	1	1	1	1	
	石粉	1.5	1.5	1.5	1.5	1.5	1.5	1.5	
	食盐	1	1	1	1	1	0.5	0.5	0.7
	预混料	1	1	1	1	1	1	1	1
	合计	100	100	100	100	100	100	100	100
营养水平	干物质（%）	86.74	86.82	86.79	86.90	86.95	86.75	86.78	
	粗蛋白质（%）	14.19	14.05	14.17	14.44	14.98	14.11	13.82	
	粗脂肪（%）	3.80	3.19	3.32	3.29	3.08	2.99	2.80	
	粗纤维（%）	3.09	3.62	3.35	3.77	4.66	5.51	6.54	
	钙（%）	0.84	0.85	0.85	0.94	0.87	0.90	0.91	
	磷（%）	0.56	0.61	0.58	0.62	0.69	0.58	0.62	
	食盐（%）	0.98	0.98	0.98	0.49	0.49	0.49	0.49	
	消化能/（兆焦/千克）	13.29	13.08	13.16	13.10	12.74	13.00	12.80	

注：配方8中额外添加0.3%尿素，混合均匀后饲喂。前20天每只喂350克料，中间20天每只喂400克，后20天每只喂450克，粗饲料不限量。

四、育成羊精料补充料配方

育成羊精料补充料配方见表4-18和表4-19。

表4-18　育成绵羊精料补充料配方及营养水平

项目		配方1	配方2	配方3	配方4	配方5	配方6	配方7
精料补充料配比（%）	玉米	60	55.5	56	70.5	68.5	50	60
	小麦						9	
	大豆粕	5（或大豆饼）	30		25		10	
	花生粕	5（或花生饼）						
	小麦麸	18	10	20			15	16
	棉籽粕	7.5						
	菜籽粕						7	
	向日葵仁粕			20		27		20
	酵母						5	
	尿素				1.5	1.5		
	磷酸氢钙	1	1	0.5	0.5	0.5	0.5	1
	石粉	1.5	1.5	1.5	1	1	1.5	1.5
	食盐	1	1	1	0.5	0.5	1	0.5
	预混料	1	1	1	1	1	1	1
	合计	100	100	100	100	100	100	100
营养水平	干物质（%）	87.27	86.94	87.00	86.66	86.95	87.16	86.91
	粗蛋白质（%）	15.60	18.67	15.31	20.66	19.34	17.36	14.4
	粗脂肪（%）	3.55	4.10	3.00	3.96	2.74	2.85	2.96
	粗纤维（%）	3.88	3.19	4.70	2.30	5.09	3.67	5.34
	钙（%）	0.82	0.88	0.73	0.56	0.55	0.70	0.85
	磷（%）	0.62	0.56	0.65	0.40	0.55	0.61	0.69
	食盐（%）	1.03	0.98	0.98	0.49	0.49	0.98	0.49
	消化能/（兆焦/千克）	13.13	11.33	12.54	13.58	12.07	12.48	12.21
说明		适用于舍饲绵羊，每天饲喂精料补充料0.4千克、苜蓿干草0.7千克		适用于肉用育成绵羊	适用于中国美利奴羊		适用于杂交育成肉羊	适用于育成肉用细毛羊

表4-19　育成山羊精料补充料配方（质量分数,%）

饲 料 原 料	配方1	配方2	配方3	配方4	配方5	配方6	配方7	配方8
玉米	60.5	50	45	50	50	30		50
燕麦						30	30	
高粱							20	
米糠			18	10	10	5		
大豆粕	20							
向日葵仁粕					20	20		
小麦麸	15	13					30	15
棉籽粕		15			16	11		
菜籽粕		18	18				15	
亚麻仁粕			15	36				
玉米全干酒糟								30
尿素							1	1
磷酸氢钙	1	0.5						
石粉	1.5	1.5	2	2	2	2	2	2
食盐	1	1	1	1	1	1	1	1
预混料	1	1	1	1	1	1	1	1
合计	100	100	100	100	100	100	100	100

五、生长育肥羊精料补充料配方

生长育肥羊精料补充料配方见表4-20～表4-27。

表4-20　羊育肥前期精料补充料配方一及营养水平

	项　　目	配方1	配方2	配方3	配方4	配方5	配方6	配方7	配方8
精料补充料配比（%）	玉米	46	51	50	45	59.5	60	60	55
	大豆粕	30	20						
	向日葵仁粕						30		
	小麦麸	20	25	16	20	5	5	15	10
	棉籽粕			30					

（续）

项 目		配方1	配方2	配方3	配方4	配方5	配方6	配方7	配方8
精料补充料配比（%）	菜籽粕				31	30.5			
	亚麻仁粕								30
	花生饼							20	
	尿素						1	1	1
	磷酸氢钙	0.5	0.5	0.5	1	1	0.5	0.5	
	石粉	1.5	1.5	1.5	1	2	1.5	1.5	2
	食盐	1	1	1	1	1	1	1	1
	预混料	1	1	1	1	1	1	1	1
	合计	100	100	100	100	100	100	100	100
营养水平	干物质（%）	86.90	86.85	87.16	87.23	87.06	87.14	87.14	87.20
	粗蛋白质（%）	20.04	18.33	18.26	19.82	17.38	18.96	20.00	19.67
	粗脂肪（%）	3.00	3.09	2.63	2.83	4.02	2.66	3.08	2.90
	粗纤维（%）	4.65	3.87	5.25	6.16	3.33	5.95	3.54	4.23
	钙（%）	0.77	0.76	0.74	0.93	0.75	0.74	0.73	0.85
	磷（%）	0.58	0.56	0.66	0.62	0.49	0.64	0.50	0.56
	食盐（%）	0.98	0.98	0.99	0.98	0.98	0098	0.98	0.98
	消化能/（兆焦/千克）	13.05	13.08	12.82	12.56	13.36	11.72	13.09	12.81

表4-21　羊育肥前期精料补充料配方二（质量分数,%）

饲料原料	配方9	配方10	配方11	配方12	配方13	配方14	配方15	配方16
玉米	25	40	37	46	40	50	40	32.5
稻谷	25							
苜蓿草粉		30	30	30	26	20	20	30
玉米秸	20							

（续）

饲料原料	配方9	配方10	配方11	配方12	配方13	配方14	配方15	配方16
向日葵仁粕			30	15				
小麦麸				5		5		
棉籽粕	15						8（或菜籽粕）	
亚麻仁粕	9.5	27						
玉米干全酒糟					30	20	28	34
尿素	1			1	1	1.5		
磷酸氢钙	1	1	1	1	1	0.5	1	1
石粉	1.5	0.5	0.5	0.5	0.5	1	1	0.5
食盐	1	0.5	1	0.5	0.5	1	1	1
预混料	1	1	0.5	1	1	1	1	1
合计	100	100	100	100	100	100	100	100

表4-22　羊育肥前期精料补充料配方三（质量分数,%）

饲料原料	配方17	配方18	配方19	配方20	配方21	配方22	配方23	配方24
玉米	50	46	45	45	56	51	50	46
稻谷		17						
芝麻粕	28							
向日葵仁粕			10			25		15
小麦麸	18	7	24.5	25				14
棉籽粕				12			10	
菜籽粕		16	12		20		8	
亚麻仁粕			15	15				
玉米干全酒糟					20	20	28	20
尿素								1
磷酸氢钙	0.5	0.5	0.5	0.7	0.5	0.5	0.5	0.5

（续）

饲料原料	配方17	配方18	配方19	配方20	配方21	配方22	配方23	配方24
石粉	1.5	1.5	1	1	1.5	1.5	1.5	1.5
食盐	1	1	1	0.3	1	1	1	1
预混料	1	1	1	1	1	1	1	1
合计	100	100	100	100	100	100	100	100

表4-23 羊育肥中期精料补充料配方一及营养水平

	项目	配方1	配方2	配方3	配方4	配方5	配方6	配方7	配方8
精料补充料配比（%）	玉米	30	55	60	57	58.8	60.8	55	60.8
	稻谷	20							
	碎米	20							
	大豆粕		5				10		12
	向日葵仁粕	12							
	小麦麸		11	10	15	18	8	16	9
	棉籽粕			13	19	10	10	25	10
	菜籽粕	15			5				
	亚麻仁粕		25	13			7		4
	花生饼					9			
	尿素								
	磷酸氢钙		1	1	0.5	1.2	1.2	0.5	1.2
	石粉	1.5	1	1	1.5	1	1	1.5	1
	食盐	0.5	1	1	1	1	1	1	1
	预混料	1	1	1	1	1	1	1	1
	合计	100	100	100	100	100	100	100	100
营养水平	干物质（%）	87.23	88.04	87.00	87.03	96.96	87.20	87.06	87.05
	粗蛋白质（%）	16.07	16.84	16.25	16.64	16.04	16.96	16.80	16.9
	粗脂肪（%）	2.17	3.98	3.64	2.84	3.01	3.12	2.78	3.04

（续）

项　目		配方1	配方2	配方3	配方4	配方5	配方6	配方7	配方8
营养水平	粗纤维（%）	5.89	4.56	4.84	4.76	4.10	3.89	4.83	3.79
	钙（%）	0.68	0.77	0.68	0.75	0.72	0.76	0.73	0.75
	磷（%）	0.50	0.64	0.68	0.61	0.68	0.65	0.62	0.65
	食盐（%）	0.49	0.98	0.98	0.98	0.98	0.98	0.98	0.98
	消化能/（兆焦/千克）	12.50	13.57	13.57	12.92	13.04	13.27	12.91	13.22

表4-24　羊育肥中期精料补充料配方二（质量分数,%）

饲料原料	配方9	配方10	配方11	配方12	配方13	配方14	配方15	配方16
玉米	42.6	45	39.5	25		25	31.5	54.3
稻谷				25	20	22		
燕麦		4			30			
苜蓿草粉	15	15	14				32	
玉米秸	15	15		20	20	20		
米糠			10					
小麦麸			20				10	19
棉籽粕	8	9	5	15	15	15		24（或菜籽粕）
亚麻仁饼				10	10	9.5		
菜籽粕	5.7	4.5	3					
玉米蛋白粉	6.2	5.5	5			4		
玉米干全酒糟							23	
甜菜渣	4							
尿素				0.5	0.5			
磷酸氢钙	1	1	0.5	1	1	1	1	
石粉	0.5		1.5	1.5	1.5	1.5	0.5	1
食盐	1	1	0.5	1	1	1	1	0.7
预混料	1	1	1	1	1	1	1	1
合计	100	100	100	100	100	100	100	100

注：配方8适用于育肥中间20天，每只每天供给精料补充料0.7~0.8千克。

表 4-25　羊育肥后期精料补充料配方一及营养水平

项目		配方 1	配方 2	配方 3	配方 4	配方 5	配方 6	配方 7	配方 8
精料补充料配比（%）	玉米	39	57.5	65	70	62.5	77.5	55.8	64.7
	稻谷	36.5							
	大豆粕			5			17		
	向日葵仁粕		18			18		18	
	小麦麸	10	20	16		15		15	13
	棉籽粕							7	20（或菜籽粕）
	亚麻仁粕			10	24.5				
	花生饼	9							
	尿素	1			1		1		
	磷酸氢钙	1	1	1	1	1	1.5	1	
	石粉	1.5	1.5	1	1	1.5	1	1.2	1
	食盐	1	1	1	1.5	1	1	1	0.3
	预混料	1	1	1	1	1	1	1	1
	合计	100	100	100	100	100	100	100	100
营养水平	干物质（%）	86.81	87.0	87.10	88.01	86.95	86.69	86.95	
	粗蛋白质（%）	14.71	14.19	13.63	14.2	13.01	13.76	15.06	
	粗脂肪（%）	3.03	3.03	3.57	3.78	3.36	3.79	2.96	
	粗纤维（%）	5.04	5.36	3.70	3.53	6.01	2.04	4.38	
	钙（%）	0.82	0.86	0.69	0.75	0.84	0.78	0.78	
	磷（%）	0.55	0.69	0.60	0.55	0.63	0.55	0.69	
	食盐（%）	0.98	0.98	0.98	1.47	0.99	0.98	0.98	
	消化能/(兆焦/千克)	13.15	12.17	13.37	13.59	13.32	13.45	12.75	

注：配方 8 适用于育肥期的后 20 天，每日每只供给精料补充料 0.9～1.0 千克。

表4-26　羊育肥后期精料补充料配方二（质量分数,%）

饲料原料	配方9	配方10	配方11	配方12	配方13	配方14	配方15	配方16
玉米	46.5	31.5	19	24	47.8	41.2	23	31
羊草					17.3	30		30
苜蓿草粉	32	32		8.5				
玉米秸			15.5	9	2.4	8.8	33	9
槐树叶							20	
小麦麸	10	10			14	9	10	12
大豆粕	8		3		14.5	7		14
棉籽粕			5	2				
亚麻仁饼							10	
玉米蛋白粉		23	3	1				
玉米干全酒糟			50	50				
尿素				1				
磷酸氢钙	1	1	1	1.5	1	1	1	1
石粉	0.5	0.5	2		1	1	1	1
食盐	1	1	1	0.5	1	1	1	1
预混料	1	1	1	1	1	1	1	1
合计	100	100	100	100	100	100	100	100

表4-27　羊育肥后期精料补充料配方三（质量分数,%）

饲料原料	配方17	配方18	配方19	配方20	配方21
高粱	54.5	66.5	19.5	30.5	43.8
苜蓿草粉	18	15	14	16	15
棉籽壳	10		40	30	20
棉籽粕	9	10	17	14	11.5
糖蜜	5	5	6	6	6
磷酸氢钙	1.2	1.2	1.2	1.2	1.2
石粉	0.3	0.3	0.3	0.3	0.5
食盐	1	1	1	1	1
预混料	1	1	1	1	1
合计	100	100	100	100	100

六、不同类型羊精料补充料配方

1. 毛用羊精料补充料配方

毛用羊精料补充料配方见表4-28和表4-29。

表4-28　毛用羊精料补充料配方一（质量分数,%）

饲料原料	羔羊					育成羊				
	配方1	配方2	配方3	配方4	配方5	配方1	配方2	配方3	配方4	配方5
玉米	60	56	86	40	60	61	55	67	76	47.5
大麦				36	26					
大豆粕	20	30	10	10	10	5	20		20	8
小麦麸	6.3	10		10		10	15			20
菜籽粕	5					10				
棉籽粕							5.5	29		
向日葵仁粕	5					10				20
石粉	1.2	1	1	1	1	1.2	1	1	1.2	1.5
磷酸氢钙	1	1	1	1	1	1	1.5	1	1	0.5
食盐	1	1	1	1	1	1	1	1	1	1
预混料	0.5	1	1	1	1	0.8	1	1	0.8	1
尿素										0.5
合计	100	100	100	100	100	100	100	100	100	100

表4-29　毛用羊精料补充料配方二（质量分数,%）

饲料原料	妊娠母羊				泌乳母羊				种公羊	
	配方1	配方2	配方3	配方4	配方1	配方2	配方3	配方4	配方1	配方2
玉米	56	64		60.5	60	57	60	60	36	
小麦（或燕麦、大麦）										60.5
炒黑豆（或黄豆）									40	
大麦			80							
大豆粕	10		6		10	29	14	26		15
小麦麸	14	10			10	9		10	20	
苜蓿草粉		17	5							
花生粕						10				
大豆油						1				

（续）

饲料原料	妊娠母羊				泌乳母羊				种公羊	
	配方1	配方2	配方3	配方4	配方1	配方2	配方3	配方4	配方1	配方2
菜籽粕	6	6	5							21
亚麻仁饼					6		16			
向日葵仁粕	10			10						
粉渣				10						
酱油渣				10						
糖蜜				5						
玉米胚芽饼							6			
石粉	1.2		1	1.5	1.2	1	1.2	1	1.5	0.5
磷酸氢钙	1	1	1	1	1	1	1	1	0.5	1
食盐	0.8	1	1	1	1	1	1	1	1	1
预混料	1	1	1	1	0.8	1	0.8	1	1	1
合计	100	100	100	100	100	100	100	100	100	100

2. 绒山羊精料补充料配方

绒山羊精料补充料配方见表4-30。

表4-30　绒山羊精料补充料配方（质量分数,%）

饲料原料	羔羊		育成羊		空怀期母羊	妊娠前期母羊		泌乳期母羊	非生绒期羊	种公羊
	配方1	配方2	配方1	配方2	配方	配方1	配方2	配方	配方	配方
玉米	60	55	65	50	56.5	67	63	65	61	50.5
大豆粕	20	22	15	18		14	18	16	9.5	23
小麦麸	7	10	7	28	30	15.5	15.5	15.5	25	18
干啤酒糟	9	9	9							4
豌豆					5					
亚麻仁粕					5					
石粉	1	1	1	1	1.5	1.5	1.5	1.5	1.5	1.5
磷酸氢钙	1	1	1	1	0.5	0.5	0.5	0.5	1	1
食盐	1	1	1	1	0.5	0.5	0.5	0.5	1	1
预混料	1	1	1	1	1	1	1	1	1	1
合计	100	100	100	100	100	100	100	100	100	100

3. 奶山羊精料补充料配方

奶山羊精料补充料配方见表4-31。

表4-31 奶山羊精料补充料配方（质量分数,%）

饲料原料	羔羊		育成羊		种公羊	妊娠期母羊		泌乳期母羊	空怀期母羊	
	配方1	配方2	配方1	配方2	配方	配方1	配方2	配方	配方1	配方2
玉米	58	45.5	60.5	49.5	30	64	54	41	40	17
大麦（裸）	10				27					
大豆粕	10	6	10	18	10	13	9		5	11
小麦麸	15	30	15	19	7	20	25	30	3	11.5
高粱	3									
豌豆			4		6	8（或黑豆）	15（或黑豆）			
棉籽粕		10		3	10					
麦芽根				6						
向日葵仁粕			10							
甘薯干				7						
糖蜜								10		
花生秧									49	58
石粉	1	1.5	1.5	1	1	1	1.5	1.5		
磷酸氢钙	1	1	1	0.7	1	0.5	1	1	1	1
食盐	1	1	1	0.8	1	0.5	0.5	0.5	1	0.5
预混料	1	1	1	1	1	1	1	1	1	1
合计	100	100	100	100	100	100	100	100	100	100

第三节　羊的全价配合饲料配方

一、种公羊全价配合饲料配方

种公羊全价配合饲料配方见表4-32和表4-33。

表4-32　种公羊非配种期全价配合饲料配方及营养水平

	项　　目	配方1	配方2	配方3	配方4	配方5	配方6	配方7	配方8
种公羊非配种期全价配合饲料配方	野干草或秸秆/千克	2	1.2			1.5	1	1.5	1
	苜蓿干草/千克		0.5				0.5		
	胡萝卜或其他多汁饲料/千克	0.3	0.3	0.3					
	青贮饲料/千克				2（或玉米）	2（或玉米）	2（或玉米）	1（或玉米）	2（或草木樨）
	羊草/千克			2	1.4				
	精料补充料/千克	0.5	0.5	0.5	0.4	0.5	0.4	0.5	0.5
	合计/千克	2.8	2.5	2.8	3.8	4.0	3.9	3.0	3.5
营养水平	干物质（%）	2.17	1.96	2.29	2.08	2.23	2.12	2.01	1.91
	粗蛋白质（%）	238.9	268.5	250.9	215.40	220.50	227.47	203.13	269.76
	粗脂肪（%）	37.3	35.0	87.30	74.0	40.0	40.96	37.54	45.72
	粗纤维（%）	571.9	499.4	609.9	564.6	530.25	487.93	496.96	497.89
	钙（%）	12.35	18.82	11.55	10.19	5.75	4.75	5.0	18.47
	磷（%）	9.64	8.58	7.04	6.28	4.40	3.80	4.10	7.89
	食盐（%）	4.90	4.90	4.90	3.92	4.90	4.90	4.90	4.90
	消化能/（兆焦/千克）	25.54	22.06	20.27	19.00	23.57	22.03	19.87	21.85

表 4-33　种公羊配种期全价配合饲料配方及营养水平

<table>
<tr><th colspan="2">项　目</th><th>配方1</th><th>配方2</th><th>配方3</th><th>配方4</th><th>配方5</th><th>配方6</th></tr>
<tr><td rowspan="9">种公羊配种期全价配合饲料配方</td><td>野干草或秸秆/千克</td><td>1.2</td><td>1.2</td><td>1.2</td><td></td><td></td><td>1</td></tr>
<tr><td>花生秧/千克</td><td></td><td></td><td></td><td></td><td>2</td><td>1</td></tr>
<tr><td>苜蓿干草/千克</td><td></td><td></td><td></td><td>1</td><td></td><td></td></tr>
<tr><td>胡萝卜或其他多汁饲料/千克</td><td>2</td><td>1</td><td></td><td>1</td><td>1</td><td></td></tr>
<tr><td>青贮饲料/千克</td><td></td><td>3（或玉米）</td><td>2</td><td>3</td><td></td><td>2</td></tr>
<tr><td>羊草/千克</td><td></td><td></td><td>0.5</td><td></td><td></td><td></td></tr>
<tr><td>精料补充料/千克</td><td>1.2</td><td>1.2</td><td>1.4</td><td>1.4</td><td>1.2</td><td>1.4</td></tr>
<tr><td>合计/千克</td><td>4.4</td><td>6.4</td><td>5.1</td><td>6.4</td><td>4.2</td><td>5.4</td></tr>
<tr><td>干物质（%）</td><td>2.27</td><td>2.90</td><td>3.20</td><td>2.93</td><td>2.96</td><td>3.42</td></tr>
<tr><td rowspan="8">营养水平</td><td>粗蛋白质（%）</td><td>341.04</td><td>368.52</td><td>419.80</td><td>518.97</td><td>469.72</td><td>490.00</td></tr>
<tr><td>粗脂肪（%）</td><td>53.30</td><td>66.25</td><td>81.40</td><td>78.56</td><td>67.43</td><td>78.60</td></tr>
<tr><td>粗纤维（%）</td><td>396.20</td><td>561.40</td><td>636.30</td><td>581.18</td><td>647.60</td><td>761.50</td></tr>
<tr><td>钙（%）</td><td>16.58</td><td>13.33</td><td>14.35</td><td>33.00</td><td>59.53</td><td>41.20</td></tr>
<tr><td>磷（%）</td><td>13.00</td><td>10.28</td><td>11.04</td><td>13.56</td><td>9.28</td><td>13.66</td></tr>
<tr><td>食盐（%）</td><td>11.76</td><td>11.76</td><td>13.72</td><td>13.72</td><td>11.76</td><td>13.72</td></tr>
<tr><td>消化能/（兆焦/千克）</td><td>29.55</td><td>33.67</td><td>35.69</td><td>33.45</td><td>35.62</td><td>40.95</td></tr>
</table>

二、母羊全价配合饲料配方

1. 泌乳母羊全价配合饲料配方

泌乳母羊全价配合饲料配方见表 4-34 ~ 表 4-36。

表4-34 泌乳母羊全价配合饲料配方一及营养水平

项 目		配方1	配方2	配方3	配方4	配方5	配方6	配方7	配方8
泌乳母羊全价配合饲料配比(%)	玉米	50	40	44	36	24	40	26	40
	玉米秸	29			34		12		16
	青干草					33		33	25.5
	青贮玉米秸		36	28					
	高粱	10	10	10	10	11	8	10	10
	大豆粕		3	4			6	2	
	菜籽粕							6	
	小麦麸	6		6	10	28	25	10	6
	棉籽粕	1		4.5	7	1	6		
	米糠		7					10	
	磷酸氢钙	1.5	1.5	1	0.5	0.5	0.5	0.5	1
	石粉	1.0	1	1	1	1	1	1	
	食盐	0.5	0.5	0.5	0.5	0.5	0.5	0.5	0.5
	预混料	1	1	1	1	1	1	1	1
	合计	100	100	100	100	100	100	100	100
营养水平	干物质(%)	90.28	90.96	90.14	90.82	90.64	90.68	90.7	88.74
	粗蛋白质(%)	9.73	8.72	11.02	10.62	9.95	11.32	10.98	10.58
	粗脂肪(%)	10.26	10.10	9.03	10.81	11.35	3.26	10.02	12.52
	粗纤维(%)	2.70	2.37	2.51	2.17	2.46	6.26	4.10	2.83
	钙(%)	0.72	0.70	0.61	0.50	0.50	0.50	0.50	0.75
	磷(%)	0.61	0.50	0.44	0.38	0.46	0.40	0.40	0.47
	食盐(%)	0.55	0.52	0.52	0.53	0.55	0.52	0.54	0.98
	消化能/(兆焦/千克)	11.35	11.48	12.85	11.44	10.21	11.77	11.50	10.54

注：每天需补喂青绿饲料2~4千克。

表 4-35　泌乳母羊全价配合饲料配方二及营养水平

	项　目	配方 9	配方 10	配方 11	配方 12	配方 13	配方 14	配方 15	配方 16
泌乳母羊全价配合饲料配比（%）	玉米	30	40	44	36	24	40	26	40.5
	玉米秸	29			34		32		16
	青干草					33		33	25
	青贮玉米秸		36	28					
	高粱	10	10	10	10	11	8	10	10
	大豆粕		3	4			6	2	
	菜籽粕							6	
	小麦麸	26		6	10	28	5	10	6
	棉籽粕	1		4.5	7	1	6		
	米糠		7					10	
	磷酸氢钙	1.5	1.5	1	0.5	0.5	0.5	0.5	1
	石粉	1	1	1	1	1	1	1	
	食盐	0.5	0.5	0.5	0.5	0.5	0.5	0.5	0.5
	预混料	1	1	1	1	1	1	1	1
	合计	100	100	100	100	100	100	100	100
营养水平	干物质（%）	90.28	90.96	90.14	90.82	90.64	90.68	90.7	88.74
	粗蛋白质（%）	9.73	8.72	11.02	10.62	9.95	11.32	10.98	10.58
	粗脂肪（%）	2.70	2.37	2.51	2.17	2.46	6.26	4.10	2.83
	粗纤维（%）	10.26	10.1	9.03	10.81	11.35	3.26	10.02	12.52
	钙（%）	0.72	0.70	0.61	0.50	0.50	0.50	0.50	0.75
	磷（%）	0.61	0.50	0.44	0.38	0.46	0.40	0.40	0.47
	食盐（%）	0.55	0.52	0.52	0.53	0.55	0.52	0.54	0.98
	消化能/（兆焦/千克）	11.35	11.48	12.85	11.44	10.21	11.77	11.50	10.54

注：每天需补喂青绿饲料 2～4 千克。

表4-36　泌乳母羊全价配合饲料配方三（质量分数,%）

饲料原料	配方17	配方18	配方19	配方20	配方21	配方22	配方23	配方24	配方25	配方26	配方27
玉米	40.14	24.32	42.33	40.74	32.09	37.68	21.51	31.78	35.80	39.45	25.6
高粱	10.03	10.03	10.03	10.12	10.03	9.17	11.35	9.17	9.10	9.17	9.17
大豆饼	3.4	3.41	3.4	3.54	1.17			0.5	5.2	6.22	4.56
棉籽粕	4.48	0.78			4.48	6.75	4.43	6.75		6.75	
菜籽粕						1.40			6.74		6.75
向日葵仁饼				4.40	2.40						
米糠										4.54	9.93
小麦麸	6.71	26.22		15.85		11.13	28.84	7.93	9.56		10.12
高粱糠					14.59						
大麦									10		
秸秆	33.64		22.64	8.39	33.64	32.27		32.27		32.27	
青干草		33.64	20（苜蓿）	15.36			32.27		32.0		32.27
磷酸氢钙	1.1	1.1	1.1	1.1	1.1	1.1	1.1	1.1	1.1	1.1	1.1
食盐	0.5	0.5	0.5	0.5	0.5	0.5	0.5	0.5	0.5	0.5	0.5
合计	100	100	100	100	100	100	100	100	100	100	100
说明		适用于哺乳单羔的母羊,粗饲料与精饲料的比为3:1,每只母羊每天需要补充胡萝卜等青绿饲料2~4千克					适用于哺乳双羔的母羊,每只母羊每天需要补充胡萝卜等青绿饲料2~4千克				

2. 妊娠母羊全价配合饲料配方

妊娠母羊全价配合饲料配方见表4-37。

表4-37　妊娠母羊全价配合饲料配方及营养水平

	项　目	配方1	配方2	配方3	配方4	配方5	配方6	配方7	配方8
妊娠母羊全价配合饲料配方	玉米秸/千克		0.5	1	1.2	0.8		0.3	
	羊草/千克	1	0.8	0.8					
	苜蓿草粉/千克				0.5	0.5	0.3		0.3
	玉米青贮/千克	2	1.5			2	0.5	0.5	
	胡萝卜/千克					0.5			0.5
	精料补充料/千克	0.4	0.3	0.3	0.2	0.6	0.4	0.4	0.5
	合计	3.4	3.1	2.1	1.9	4.4	1.2	1.2	1.3
营养水平	干物质/千克	1.73	1.70	1.89	1.69	2.21	0.72	0.73	0.77
	粗蛋白质/克	170.00	160.70	166.20	188.89	264.06	129.30	89.70	136.86
	粗脂肪/克	41.38	52.26	47.76	30.44	46.95	23.18	18.89	17.79
	粗纤维/克	447.94	474.48	445.48	434.32	512.56	117.64	124.24	164.08
	钙/克	8.9	6.86	5.36	9.27	17.32	7.90	3.70	
	磷/克	5.4	4.14	3.24	2.30	6.60	4.23	2.70	
	食盐/克	2.00	1.54	1.50	1.00	3.00	2.00	2.00	1.50
	消化能/兆焦	16.4	17.16	18.04	17.75	24.39	9.57	9.16	8.96

注：配方6、7、8适用于山羊。

三、羔羊全价配合饲料配方

1. 羔羊代乳品配方

羔羊代乳品配方见表4-38。

表4-38　羔羊代乳品配方及营养水平

	项　目	配方1	配方2	配方3	配方4	配方5	配方6	配方7	配方8
羔羊代乳品配比（%）	玉米	20			11	10	5		
	次粉					15	5	6.85	13.5
	脱脂乳粉	30	7	8					70
	全脂乳粉			30	25	47	27	40	39.4
	乳清粉		20	20	5	5	5	11.9	

（续）

项　　目		配方1	配方2	配方3	配方4	配方5	配方6	配方7	配方8
羔羊代乳品配比（%）	大豆	30	30	40				33.1（脱皮）	
	大豆粕				24.5	27	26	7.5	
	小麦麸	10.5				3	3		
	油脂	5	6	5	10	9	12		15
	酵母	2	5						
	磷酸氢钙		0.5	0.5	0.5	1	1		
	石粉	1				1	1		
	食盐	0.5	0.5	0.5	1	1	1	0.25	0.5
	预混料	1	1	1	1	1	1	1	1
	合计	100	100	100	100	100	100	100	100
营养水平	干物质（%）	61.39	57.06	60.22	37.96	56.30	42.40	63.88	57.39
	粗蛋白质（%）	25.08	23.40	23.49	23.99	21.86	23.36	27.28	25.10
	粗脂肪（%）	2.69	1.46	1.79	1.40	2.09	1.70	1.09	0.40
	粗纤维（%）	11.67	11.21	11.95	10.86	10.22	12.89	19.97	16.0
	钙（%）	0.83	0.96	0.91	1.39	1.20	1.40	0.59	0.93
	磷（%）	0.63	0.72	0.68	0.61	0.67	0.70	0.69	0.77
	食盐（%）	0.40	0.49	0.49	0.98	0.96	0.98	0.35	0.40
	消化能/（兆焦/千克）	15.14	18.08	17.70	16.26	12.17	12.37	18.9	15.09

2. 羔羊补饲饲料配方

羔羊补饲饲料配方见表4-39。

表4-39　羔羊补饲饲料配方及营养水平

项　　目		配方1	配方2	配方3	配方4
羔羊补饲饲料配比（%）	玉米	48	48	40	38
	混合牧草	15	15		35
	玉米秸			18	
	菜籽粕		12		11

（续）

项　　目		配方1	配方2	配方3	配方4
羔羊补饲饲料配比（%）	棉籽粕	8		11	
	干甜菜渣	8	8		8
	小麦麸	5	4	11	4
	玉米干全酒糟		20	15	
	石粉	1.5	1.5	1	0.5
	磷酸氢钙	0.5	1	1.5	1.5
	食盐	1	1	0.5	1
	预混料	1	1	1	1
	尿素		0.5	1	
	合计	100	100	100	100
营养水平	干物质（%）	87.73	88.21	87.89	87.71
	粗蛋白质（%）	14.86	14.12	12.34	13.84
	粗纤维（%）	9.64	8.75	10.44	13.54
	粗脂肪（%）	2.90	5.38	2.41	2.96
	钙（%）	0.82	0.89	0.76	0.99
	磷（%）	0.47	0.49	0.56	0.56
	食盐（%）	0.98	0.98	0.49	0.98
	消化能/（兆焦/千克）	12.38	12.78	11.24	11.61

3. 羔羊育肥全价配合饲料配方

羔羊育肥全价配合饲料配方见表4-40和表4-41。

表4-40　羔羊育肥全价配合饲料配方一及营养水平

项　　目		配方1	配方2	配方3	配方4	配方5	配方6	配方7	配方8
羔羊育肥全价配合饲料配比（%）	玉米	44	44	44	44	32.3	48	25.5	31.5
	小麦	4	4						
	苜蓿草粉	15	15	15	15			18	15
	玉米秸	15	15	15	15			35	30

（续）

项　　目		配方 1	配方 2	配方 3	配方 4	配方 5	配方 6	配方 7	配方 8
羔羊育肥全价配合饲料配比（%）	米糠					27.7			
	小麦麸						10	5	8
	菜籽粕		5.8		5.7	6.7	5	5	12
	棉籽粕	8	8	8	8	6.7	5	8	
	大豆粕	7		7.5		21.6	27.3		
	玉米蛋白粉	4	6	4.2	6				
	甜菜渣			4	4				
	石粉	1	0.7	0.6	0.6	1	1	0.5	0.5
	磷酸氢钙	0.5		0.2	0.2	2.3	2	1.5	1.5
	食盐	0.5	0.5	0.5	0.5	0.7	0.7	0.5	0.5
	预混料	1	1	1	1	1	1	1	1
	合计	100	100	100	100	100	100	100	100
营养水平	干物质（%）	89.14	88.94	85.98	85.95			88.19	87.97
	粗蛋白质（%）	17.19	17.45	17.02	16.90	16.6	16.5	13.33	12.98
	粗脂肪（%）	9.14	9.48	8.12	9.39	15.4	15.7	15.27	13.94
	粗纤维（%）	2.52	2.93	2.48	2.85			2.02	2.27
	钙（%）	0.73	0.53	0.52	0.58	0.7	0.7	0.87	0.86
	磷（%）	0.44	0.38	0.38	0.30	0.35	0.35	0.54	0.57
	食盐（%）	0.52	0.52	0.51	0.51	0.5	0.5	0.49	0.49
	消化能/（兆焦/千克）	12.14	12.57	11.98	11.99	12.4	12.4	10.56	10.90
说明		适用于陶塞特和藏羊杂交的羔羊				适用于冬季的湘东黑山羊育肥羔羊	适用于春季的湘东黑山羊育肥羔羊		

表 4-41　羔羊育肥全价配合饲料配方二（质量分数,%）

饲料原料	配方9	配方10	配方11	配方12	配方13	配方14	配方15	配方16
玉米	31.5	31	70	56	46	46	51	50
苜蓿草粉	15			20	30		25	
玉米秸	30	35				28		28
亚麻仁饼			25.5					
花生粕								18
棉籽粕							20	
大豆粕				20	20	22		
玉米干全酒糟	20	30						
石粉	0.5	1	1.5	1	1	1	1	1
磷酸氢钙	1.5	1.5	1	1	1	1	1	1
食盐	0.5	0.5	1	1	1	1	1	1
预混料	1	1	1	1	1	1	1	1
合计	100	100	100	100	100	100	100	100

四、育成羊全价配合饲料配方

育成羊全价配合饲料配方见表 4-42 和表 4-43。

表 4-42　育成羊全价配合饲料配方一（质量分数,%）

饲料原料	山　羊				绵　羊			
	配方1	配方2	配方3	配方4	配方1	配方2	配方3	配方4
玉米	45.5	41.5	48	45	36	50	25	37
小麦麸					8	16	10	2
大豆粕							8	4
玉米秸							40	20
混合夏牧草		15						
苜蓿草粉	30	15	30	20				30
米糠					12			
干啤酒糟						30		

（续）

饲料原料	山羊				绵羊			
	配方1	配方2	配方3	配方4	配方1	配方2	配方3	配方4
亚麻仁饼			18	18				
向日葵仁粕	21	25					6.5	
棉籽壳					40		0	
菜籽粕					12		7	5
尿素			1	1				
石粉	0.5	0.5		1	1	1.5	1	
磷酸氢钙	1	1	1	1	1	1	1	0.5
食盐	1	1	1	1	1	0.5	0.5	0.5
预混料	1	1	1	1	1	1	1	1
合计	100	100	100	100	100	100	100	100

表4-43　育成羊全价配合饲料配方二（质量分数,%）

饲料原料	山羊				绵羊			
	配方5	配方6	配方7	配方8	配方5	配方6	配方7	配方8
精料补充料	60	55	60	58	28.6	20.3	47	40
羊草	40	15		15				
棉籽壳					52.3	58.4		
玉米秸			20	12				36
野干草		10	20				53	18
苜蓿草粉		20		15	19.1	21.3		6
合计	100	100	100	100	100	100	100	100
说明					适用于中国美利奴羊			适用于杂交育成羊

五、不同类型羊全价配合饲料配方

1. 毛用羊全价配合饲料配方

毛用羊全价配合饲料配方见表4-44。

表4-44 毛用羊全价配合饲料配方（质量分数,%）

饲料原料	断奶羔羊		育成羊		空怀母羊		泌乳母羊
	配方1	配方2	配方1	配方2	配方1	配方2	配方
玉米	22	38.5	40	20	38	20	33
玉米青贮							40
大豆粕		8	17	4	8	8	
苜蓿草粉	15						25
玉米秸	55			60		66.5	
羊草		50	40		50		
小麦麸	1.5			7			
亚麻仁粕				6		2	
棉籽粕	2.5						
尿素	1	1			1	1	
石粉	0.5	0.5	0.5	0.5	0.5	0.5	
磷酸氢钙	1	0.5	1	1	1	0.5	0.5
食盐	0.5	0.5	0.5	0.5	0.5	0.5	0.5
预混料	1	1	1	1	1	1	1
合计	100	100	100	100	100	100	100

2. 绒山羊全价配合饲料配方

绒山羊全价配合饲料配方见表4-45。

表4-45 绒山羊全价配合饲料配方（质量分数,%）

饲料原料	配方1	配方2	配方3	配方4	配方5
玉米	22	20	19	8.7	10
大豆粕	6	4	3	2	3

（续）

饲料原料	配方1	配方2	配方3	配方4	配方5
小麦麸	6	2	3	12	6.4
向日葵仁粕	4				
羊草		70	70	75	71
玉米蛋白粉					7
玉米秸	58				
亚麻仁饼			1		
干啤酒糟		2			
尿素			1		0.15
石粉	1		0.5	0.2	0.1
磷酸氢钙	1.5	0.5	1	0.1	0.35
食盐	0.5	0.5	0.5	1	1
预混料	1	1	1	1	1
合计	100	100	100	100	100

参 考 文 献

［1］左晓磊，张敏红. 羊饲料营养配方 7 日通［M］. 北京：中国农业出版社，2012.

［2］张乃锋. 新编羊饲料配方 600 例［M］. 北京：化学工业出版社，2009.

［3］李方方. 饲料添加剂实用手册［M］. 北京：化学工业出版社，2016.

［4］萨仁娜. 简明饲料配方手册［M］. 北京：中国农业大学出版社，2002.

［5］张京和，李玉冰. 畜禽饲料配制技术［M］. 北京：中国农业大学出版社，2007.

［6］王元元，魏刚才. 羊饲料配方手册［M］. 北京：化学工业出版社，2014.